普通高等教育材料类专业系列教材

模具 CAD/CAM

主　编　姜超平　陈永楠

副主编　晁　敏　赵秦阳

西安电子科技大学出版社

内容简介

本书阐述了模具 CAD/CAM 的基本理论和方法，具体介绍了模具 CAD 系统的开发方法和功能概况，并结合实例对注射模具和冲裁模具进行了计算机辅助设计，最后介绍了模具 CAM 技术。全书分 6 章，第 1 章介绍了模具 CAD/CAM 技术基础，包括模具 CAD/CAM 技术的应用及发展、系统特点、关键技术和构成；第 2 章介绍了模具 CAD 相关技术，包括模具 CAD 系统的技术构成、计算机图形处理技术、建模技术、装配设计技术和计算机辅助工艺规划(CAPP)技术；第 3 章和第 4 章为冲裁基础、冲裁模 CAD 系统及应用 Pro/E 软件进行冲裁建模实例；第 5 章为注射模基础知识及 CAD 设计，包括注射模基础知识及其具体模具 Pro/E 软件辅助建模；第 6 章为模具 CAM 技术，包括 CAM 技术相关概念及发展历史、CAM 主要研究内容、数控机床和数控编程。

本书可供高等院校材料加工工程、机械工程及相关专业的本科生、研究生使用，也可供从事模具 CAD/CAM 设计的工程技术人员参考。

图书在版编目(CIP)数据

模具 CAD/CAM/姜超平，陈永楠主编. —西安：西安电子科技大学出版社，2021.12
ISBN 978-7-5606-6223-7

Ⅰ. ①模…　Ⅱ. ①姜…　②陈…　Ⅲ. ①模具—计算机辅助设计—教材　②模具—计算机辅助制造—教材　Ⅳ. ①TG76-39

中国版本图书馆 CIP 数据核字(2021)第 211400 号

策划编辑　陈　婷
责任编辑　鲍旭腾　陈　婷
出版发行　西安电子科技大学出版社(西安市太白南路 2 号)
电　　话　(029)88202421　88201467　　邮　　编　710071
网　　址　www.xduph.com　　电子邮箱　xdupfxb001@163.com
经　　销　新华书店
印刷单位　陕西日报社
版　　次　2021 年 12 月第 1 版　　2021 年 12 月第 1 次印刷
开　　本　787 毫米×1092 毫米　1/16　印　张　9.5
字　　数　219 千字
印　　数　1～1000 册
定　　价　25.00 元
ISBN 978-7-5606-6223-7/TG

XDUP 6525001-1

前　言

CAD/CAM 是基于计算机技术而发展起来的一门技术。随着我国工业技术和计算机技术的不断发展，CAD/CAM 技术也逐步完善、日趋成熟。模具 CAD/CAM 作为 CAD/CAM 技术的一个重要分支，已经成为现代模具技术的重要发展方向。由于传统的模具设计与制造技术已不能适应产品及时更新换代和提高质量的要求，因此，国内外对模具 CAD/CAM 技术的发展非常重视。早在 20 世纪 60 年代初期，国外一些飞机、汽车制造公司就开始了 CAD/CAM 的研究工作，先后开发出了针对本公司的 CAD/CAM 系统，并将其应用到模具设计与制造中。我国模具 CAD/CAM 开发始于 20 世纪 70 年代，虽起步较晚，但发展非常迅速，先后通过国家有关部门鉴定的有精冲模、普通冲裁模、弯曲模、锟锻模和注射模等 CAD/CAM 系统。模具 CAD/CAM 技术能显著缩短模具设计与制造周期，降低生产成本，提高产品质量，已成为人们的共识。

为了便于读者系统学习模具 CAD/CAM 相关知识，本书阐述了模具 CAD/CAM 技术的基本知识、关键技术、系统组成和数控机床及编程等内容，详细介绍了冲裁模具和注射模具的设计方法及模具 CAD/CAM 系统的组成和作用，并通过实例演示了两种模具 Pro/E 软件计算机辅助设计的基本流程。

本书由姜超平任主编(并编写第 2、4、6 章)，参加编写工作的有：晁敏(第 1 章)、赵秦阳(第 3 章)、陈永楠(第 5 章)、邢亚哲(前言)。另外参加文稿编撰的还有孔祥泽、王军兴、刘王强、孙飞娟、赵东、张利祥、路钧天和殷杨帆等。

由于编者水平有限，书中难免存在疏漏，不妥之处敬请读者批评指正。

编　者

2021 年 5 月

目　　录

第1章　模具CAD/CAM基础知识 1
1.1　CAD/CAM概述 1
1.1.1　CAD/CAM技术的相关概念 1
1.1.2　模具CAD/CAM的优越性 3
1.2　CAD/CAM技术的发展及应用 3
1.2.1　模具CAD/CAM技术的发展概况 3
1.2.2　模具CAD/CAM技术的发展趋势 4
1.2.3　CAD/CAM技术在模具行业中的应用 6
1.3　模具CAD/CAM系统的特点与关键技术 6
1.3.1　模具CAD/CAM系统的特点 6
1.3.2　模具CAD/CAM系统的关键技术 7
1.4　模具CAD/CAM系统的构成 9
1.4.1　模具CAD/CAM系统的硬件 9
1.4.2　模具CAD/CAM系统的软件 11
第2章　模具CAD基本技术 14
2.1　CAD系统的技术构成 14
2.2　计算机图形处理技术 15
2.2.1　图形处理的概念及分类 15
2.2.2　计算机图形处理系统的组成 16
2.2.3　计算机图形处理技术与算法 16
2.2.4　参数化与变量化绘图 18
2.2.5　交互式绘图 19
2.3　几何建模与特征建模 19
2.3.1　线框建模 20
2.3.2　曲面建模 21
2.3.3　实体建模 23
2.3.4　特征建模 26
2.4　装配设计技术 29
2.4.1　装配模型 29
2.4.2　装配约束 30
2.4.3　装配建模 33
2.4.4　装配方法 35

2.5 CAPP技术 37
2.5.1 CAPP的定义及简介 37
2.5.2 CAPP的发展历史与趋势 39
2.5.3 CAPP的主要研究内容 40
2.5.4 CAPP的类型 41
2.5.5 CAPP的基础技术 42
2.5.6 CAPP系统的构成及关键技术 44
2.5.7 CAPP应用深化解决方案 46
第3章 冲裁基础及冲裁模CAD系统 47
3.1 冲压工艺及冲压模的分类 47
3.1.1 冲压工艺 47
3.1.2 冲压模的分类 51
3.2 冲裁模CAD/CAM系统的结构与工作流程 52
3.2.1 系统结构 52
3.2.2 建立冲裁模CAD系统的一般流程 54
3.2.3 模具CAD/CAM系统的工作流程 55
3.3 冲裁工艺性设计 55
3.3.1 冲裁图形的输入 55
3.3.2 冲裁件的工艺性分析 56
3.3.3 冲裁件毛坯排样的优化设计 57
3.3.4 冲裁工艺方案的确定 59
3.3.5 连续模的工步设计 59
3.4 冲裁模结构设计 60
3.4.1 冲裁模结构的设计过程 60
3.4.2 冲裁模结构的设计方法 62
3.4.3 冲裁模结构形式的选择 62
3.4.4 凹模与凸模设计 63
3.4.5 其他装置的设计 64
3.4.6 工程图的生成 66
3.5 各种图形的绘制 66
3.5.1 零件图的绘制 66
3.5.2 装配图的绘制 66
3.5.3 模具图的程序控制 67
第4章 Pro/Engineer Wildfire冲裁模设计实例 68
4.1 Pro/Engineer Wildfire及PDX简介 68
4.2 Pro/E设计冲裁模具实例 69
4.2.1 冲压件的工艺性分析 69
4.2.2 工艺计算 70
4.2.3 冲裁模具的设计 73

第 5 章　注射模基础知识及 CAD 设计 88
5.1　注射模基础知识 88
5.1.1　注射机的组成及工作原理 88
5.1.2　注射模的基本组成及相关计算 90
5.1.3　注射模具的结构设计 95
5.2　Pro/E 软件注射模设计 107
5.2.1　注射模设计流程 107
5.2.2　肥皂盒材料设计 108
5.2.3　塑件结构设计 109
5.2.4　模具结构设计 110
第 6 章　模具 CAM 技术 120
6.1　CAM 技术的相关概念及发展历史 120
6.1.1　基本概念 120
6.1.2　CAM 中的基本术语 121
6.1.3　CAM 的发展历史 122
6.2　CAM 的主要研究内容 123
6.2.1　加工面识别 123
6.2.2　加工方式选择 124
6.2.3　工艺路线确定 124
6.2.4　刀位轨迹生成 124
6.2.5　干涉检验 124
6.2.6　工艺数据库 125
6.3　数控机床 126
6.3.1　普通数控机床 126
6.3.2　数控加工中心 130
6.3.3　数控机床插补运算控制 131
6.3.4　机床坐标 133
6.3.5　数控加工作业过程 136
6.3.6　刀具移动路径 136
6.4　数控编程 137
6.4.1　数控编程简介 137
6.4.2　Pro/NC 数控加工设计流程 141
参考文献 144

第 1 章　模具 CAD/CAM 基础知识

1.1　CAD/CAM 概述

1.1.1　CAD/CAM 技术的相关概念

1. CAD 技术

计算机辅助设计(Computer Aided Design，CAD)技术是指工程技术人员以计算机为工具，运用自身的知识和经验，对产品或工程进行方案构思、总体设计、工程分析、图形编辑和技术文档整理等设计活动的总称，是一门多学科综合应用的新技术。CAD 也是一种新的设计方法，它采用计算机系统辅助设计人员完成设计的全过程，将计算机的海量数据存储和高速数据处理能力与人的创造性思维和综合分析能力有机结合，充分发挥各自所长，使设计人员摆脱繁重的计算和绘图工作，从而达到最佳设计效果。CAD 对加速工程和产品的开发、缩短设计制造周期、提高产品质量、降低生产成本、增强企业创新能力等发挥着重要作用。

2. CAM 技术

计算机辅助制造(Computer Aided Manufacturing，CAM)技术是计算机在制造领域有关应用的统称，有广义 CAM 和狭义 CAM 之分。所谓广义 CAM，是指利用计算机辅助完成从生产准备工作到产品制造这一过程中直接和间接的各种活动，主要包括工艺准备、生产作业计划、物流过程的运行控制、生产控制、质量控制等方面。其中，工艺准备包括计算机辅助工艺过程设计、计算机辅助工装设计与制造、数控(NC)编程、计算机辅助工时定额和材料定额的编制等内容；物流过程的运行控制包括物料的加工、装配、检验、输送、储存等生产活动。而狭义 CAM 通常指数控程序的编制，包括刀具路线的规划、刀位文件的生成、刀具轨迹的仿真以及后置处理和 NC 代码的生成等。通常说的 CAM 一般是指狭义的 CAM。

3. CAE 技术

计算机辅助工程(Computer Aided Engineering，CAE)技术是指以现代计算力学为基础，以计算机仿真为手段，对产品进行工程分析并实现产品优化设计的技术。工程分析包括有限元分析、运动机构分析、应力计算、结构分析和电磁分析等。CAE 是 CAD/CAM 进行集成的一个必不可少的重要环节，用计算机辅助求解或分析复杂工程和产品结构的力学性能，以及优化结构性能等，把工程(生产)的各个环节有机地组织起来。CAE 的关键就是将有关

的信息进行集成，使其产生并存在于工程(产品)的整个生命周期。因此，CAE 目前已经成为各大计算机辅助软件中的一个重要模块。

4. CAPP

计算机辅助工艺规划(Computer Aided Process Planning，CAPP)技术是指借助于计算机软硬件技术和支撑环境，利用计算机进行数值计算、逻辑判断和推理等，从而制定零件机械加工工艺过程。CAPP 是连接 CAD 与 CAM 的桥梁，是设计与加工制造的中间环节。其主要作用是为产品的加工制造过程提供指导性文件，该系统根据产品建模后所生成的产品信息和制造工艺要求，自动决策生成产品加工所采用的加工方法、工艺路线、工艺参数和加工设备。CAPP 设计结果一方面生成工艺规程或工艺卡片，指导实际生产；另一方面为 CAM 系统接收和识别，自动生成 NC 控制代码，控制生产设备运行。借助于 CAPP 系统，可以解决手工工艺设计效率低、一致性差、质量不稳定、不易达到优化等问题。

5. CAD/CAM 技术

计算机辅助设计与制造(Computer Aided Design and Computer Aided Manufacturing，CAD/CAM)技术是一项利用计算机软、硬件协助人们完成产品的设计与制造的技术，是指以计算机为主要技术手段，对产品从构思到投放市场的整个过程中的信息进行分析和处理，利用生成的各种数字和图形信息，来完成产品的设计和制造。

完善的 CAD/CAM 系统的运行环境一般由硬件、软件和操作者三大部分构成。其中，硬件主要包括计算机及其外围设备等有形的设备，当然还包括用于数控加工的机械设备和机床等。硬件是 CAD/CAM 系统运行的基础，硬件的每一次技术突破都带来了 CAD/CAM 技术革命性的变化。软件是 CAD/CAM 系统的核心与灵魂，包括系统软件、各种支撑软件和应用软件等。硬件提供了 CAD/CAM 系统潜在的能力，而系统功能的实现则由系统中的软件运行来完成，任何功能强大的计算机硬件和软件均只是辅助设计工具，而如何充分发挥系统的功能，则主要取决于操作者的素质。CAD/CAM 系统的运行离不开人的创造性思维活动，不言而喻，人在系统中起着主导者的关键性作用。目前 CAD/CAM 系统基本采用人机交互的工作方式，这种方式要求人与计算机密切合作，在充分发挥计算机在信息存储与检索、分析与计算、图形与文字处理等方面特有功能的同时，还要求操作者在创造性思维、综合分析、经验判断等方面发挥其主导作用。

6. 模具 CAD/CAM 的基本概念

模具 CAD/CAM 是改造传统模具生产方式的关键技术，是一项高科技、高效益的系统工程。它以计算机技术、模具技术、数控技术等为基础，为企业提供一种有效的辅助工具，使工程技术人员借助于计算机对产品性能、模具结构、成型工艺、数控加工及生产管理进行设计和优化。模具 CAD/CAM 技术能显著缩短模具设计与制造周期，降低生产成本和提高产品质量，这已成为模具界的共识。

模具 CAD/CAM 技术的主要特点是设计与制造过程紧密结合，即设计制造一体化，其实质是设计和制造的综合计算机化。在模具 CAD/CAM 系统中，产品几何模型是关于产品的基本核心数据，并作为整个设计、计算、分析中最原始的依据。通过模具 CAD/CAM 系统计算、分析和设计而得到的大量信息，可运用数据库和网络技术将其存储或直接送到生

产制造的各个环节，从而实现设计制造一体化。

1.1.2　模具 CAD/CAM 的优越性

与传统的模具设计和制造相比，模具 CAD/CAM 的优越性有以下几点：

(1) 采用模具 CAD/CAM 可以提高模具的质量。

在模具 CAD/CAM 系统数据库中存储着各种类型的成型工艺和模具结构的综合性数据，可为模具设计和工艺制定提供科学依据。计算机与模具工作者的交互，有利于发挥人机各自特长，使模具设计和制造工艺更加合理，系统所采用的优化设计方法也有助于成型工艺参数和模具结构优化。

(2) 采用模具 CAD/CAM 技术可以节省时间，提高模具的生产效率。

模具设计过程中的分析计算和图样绘制可以由程序自动完成，大大缩短了设计时间。CAM 技术在模具制造中的应用显著地缩短了制造周期。据统计，采用塑料注射模和冲压模 CAD/CAM 系统设计、制造模具，效率比用传统方法提高 2～5 倍。由于模具质量提高，可靠性增强，模具装配与返修时间明显减少，因此模具的交货时间能大幅度缩短。

(3) 采用模具 CAD/CAM 技术可以降低生产成本。

借助于计算机的高速运算和自动绘图能力以及优化设计节省了大量劳动力以及原材料。例如，冲压件的毛坯优化排样可使板材的利用率提高 2%～7%，塑料注射模浇注系统的优化可节省 2%～7%的塑料。采用 CAD/CAM 一体化技术可以加工出用传统方法难以加工的复杂模具型面，使得制造成本降低。

(4) 采用模具 CAD/CAM 技术给工程技术人员提供了更多的创造性劳动时间。

由于大量的工程计算、设计绘图和 NC 编程等都是由计算机完成的，因此可以把模具设计人员从日常枯燥、单调、烦琐、重复的劳动中解放出来，使得设计人员有充分的时间投入到更有创造性的劳动中去，进一步提高技术水平和设计能力。

1.2　CAD/CAM 技术的发展及应用

模具 CAD/CAM 在近几十年中经历了从简单到复杂，从试点到普及的过程。进入 21 世纪以来，模具 CAD/CAM 技术发展速度更快、应用范围更广。目前模具中应用最广泛、最具有代表性的是塑料注射模、冲裁模、汽车覆盖件模、铸造模和锻模 CAD/CAM。

1.2.1　模具 CAD/CAM 技术的发展概况

模具 CAD/CAM 是 CAD/CAM 技术的一个重要分支和组成部分。目前模具 CAD/CAM 技术在冲压模、锻造模、挤压模、注射模和压铸模等方面都获得了广泛的应用。采用 CAD/CAM 技术是模具生产革命化的措施，也是模具技术发展的一个显著特点。

国外模具 CAD/CAM 技术的研究始于 20 世纪 60 年代末，当时美国、日本、德国、加拿大等发达国家开始对冲模 CAD 进行研究。进入 20 世纪 70 年代，出现了面向中小企业的

CAD/CAM 商品化软件，如日本机械工程实验室成功研制的冲裁级进模 CAD 系统、美国 DIECDMP 公司成功研制的计算机辅助设计级进模 PDDC 系统。但此时的模具系统仅限于二维图形的简单冲裁级进模，主要功能为条料排样、凹模布置、工艺计算和 NC 编程等。进入 20 世纪 80 年代，弯曲级进模 CAD/CAM 系统开始出现，美国、日本等工业发达国家的模具生产绝大多数采用了 CAD/CAM 技术。这些系统均具备实体造型和曲面造型的强大功能，能够设计、制造汽车零部件的模具。进入 20 世纪 90 年代后，国外 CAD/CAM 技术向着更高的阶梯迈进，在此前的研究基础上，从软件结构、产品数据管理到面向目标的开发技术、产品建模和智能设计、质量检测等方面都有所突破，为实现并行工程提供了更完善的环境。UG、Pro/E 等软件的成功开发，使得模具 CAD/CAM 的功能更加完善，应用也更加广泛。

塑料注射模 CAE 技术的发展也十分迅速，从 20 世纪 60 年代的一维流动和冷却分析到 70 年代的二维流动和冷却分析，再到 90 年代的准三维流动和冷却分析，其应用范围已扩展到保压分析、纤维分子取向和翘曲预测等领域并且成效显著。塑料注射成型 CAE 商品化软件中应用最广泛的当数美国 Mold Flow 公司的模拟软件 MF，该软件主要包括流动模拟(MF/FLOW)、冷却分析(MF/COOL)、翘曲分析(MF/WARP)、气辅分析(MF/GAS)和应力分析(MF/STRESS)等。该公司于 1998 年推出准三维的双面流软件(Part Adviser)，2002 年推出真三维的实体流软件模块，目前该公司在世界上拥有较大的用户群。

我国的计算机技术起步较晚，模具 CAD/CAM 的开发始于 20 世纪 70 年代末，但发展相当迅速。到目前为止，通过国家有关部门鉴定的有精冲模、普通冲裁模、辊锻模、锤模和注射模等 CAD/CAM 系统。20 世纪 80 年代中后期，我国的冲裁模 CAD 研制工作进入了全面发展阶段，不少企业、科研院所、大专院校都开发了面向中国制造的 CAD 软件，强调软件产品的专业化和本土化，如天津大学的 TD 系统和一汽、二汽企业用的模具 CAD/CAM 系统。从 20 世纪 90 年代开始，华中科技大学、西安交通大学和北京机电研究院等相继开展了级进模 CAD/CAM 系统的研究和开发。华中科技大学模具技术国家重点实验室开发出基于 AutoCAD 平台的级进模 CAD/CAM 系统 HM7C，其包括钣金零件特征造型、基于特征的冲压工艺设计、模具结构设计、标准件及典型结构建库和线切割自动编程 5 个模块。近年来，国内一些软件公司也竞相加入了模具 CAD/CAM 系统的开发行列，如深圳雅明软件制作室开发的级进模系统 CmCAD、富士康公司开发的用于单冲模与复合模的 CAD 系统 Fox-CAD、北航研发的 CAXA 系统等。

1.2.2　模具 CAD/CAM 技术的发展趋势

1. 专业化

随着模具工业的快速发展，近年来针对各类模具的特点，将通用的 CAD/CAM 系统改造为模具行业专用系统的工作取得了较大成效。以美国 UGS 公司的级进模设计系统 NX-PDW、塑料注射模设计系统 Mold Wizard 为代表的众多产品已经投入使用。这些软件的技术特点是能在统一的系统环境下，使用统一的数据库，完成模具的设计。模具 CAD/CAM/CAE 系统将逐步发展为支持从设计、分析、管理到加工全过程的产品信息管理

的集成化系统。

2. 网络化

随着模具行业竞争、合作、生产和管理等方面的全球化、国际化以及计算机软硬件技术的迅速发展、宽带通信技术的突破和互联网的普及，在模具行业应用虚拟设计、敏捷制造等技术既有必要，又有可能。立足于全社会公用网络环境，建立专业化的虚拟网络服务环境，开发出适应于网络环境的 CAD/CAM 软件产品，实现异地、协同、综合全面的跨专业设计与分析，是 CAD/CAM 软件行业未来发展的新趋势之一。

3. 集成化

模具软件功能集成化要求软件的功能模块比较齐全，同时各功能模块采用统一数据模型，以实现信息的综合管理与共享，从而支持模具设计、制造、装配、检验、测试及生产管理的全过程，实现最佳经济效益。

4. 智能化

设计领域是一个包含高度智能的创造性活动领域，智能 CAD 是 CAD 发展的必然方向。智能 CAD 不仅是简单地将现有的智能技术与 CAD 技术相结合，更重要的是深入研究人类设计的思维模型，为人工智能领域提供新的理论和方法。人工智能是通向设计自动化的重要途径，现阶段模具设计和制造在很大程度上仍然依靠模具工作者的经验，仅凭计算机的数值计算功能去完成诸如模具设计方案的选择、工艺参数与模具结构的优化、成型缺陷的诊断以及模具成型性能的评价是不现实的。新一代模具 CAD/CAM/CAE 系统正在利用基于知识工程(KBE)技术进行脱胎换骨的改造。如 UG-II 中所提供的人工智能模块 KF(Knowledge Fusion)，利用 KF 可将设计知识融入系统之中，以便进行图形识别与推理。未来的 CAM 系统不仅能智能化地判断工艺特征，而且具有模型对比、模型分析与判断功能，使刀具路径更优化，效率更高；同时也具有防过切、防碰撞等功能，其开放式相关联的工艺库、知识库、材料库和刀具库，使工艺知识积累、学习、运用成为可能；当然也包括模具设备的智能化。

5. 可视化

模具设计、分析、制造的三维化、无纸化，要求新一代模具软件以立体的、直观的感觉来设计模具，所采用的三维数字化模型能方便地用于产品结构的 CAE 分析、模具可制造性评价和数控加工、成型过程模拟及信息的管理与共享。如 Pro/E、UG 和 CATIA 等软件具有参数化、基于特征、全相关等特点，从而使模具并行工程成为可能。

6. 标准化

标准化是实现 CAD/CAM 系统集成化的必要条件。CAD/CAM 软件一般集成在一个异构的工作平台之上，只有依靠标准化技术才能解决 CAD/CAM 系统支持异构跨平台的环境问题。随着各种图形支撑软件系统、CAD/CAM 系统软件、图形输入输出设备的投入使用，对标准化问题提出了迫切的要求。目前，除了 CAD 支撑软件逐步实现 ISO 标准和工业标准外，面向应用的标准零部件库、标准化设计方法已成为 CAD 系统中的必备内容，且向合理化工程设计的应用方向发展。

1.2.3 CAD/CAM 技术在模具行业中的应用

模具工业是国民经济的重要基础工业之一。模具是工业生产中的基础工艺装备，是一种高附加值的高技术密集型产品，也是高新技术产业化的重要领域，其技术水平的高低已成为衡量一个国家制造业水平的重要标志。

按照模具成型的特点，模具分为冲压模具、塑料模具、压铸模具、铸造模具、锻造模具、粉末冶金模具、玻璃模具、橡胶模具、陶瓷模具和简易模具十大类。在现代工业中，金属、塑料、橡胶、玻璃、陶瓷、粉末冶金等制品的生产都广泛应用模具来成型。

模具成型技术具有如下特点：

(1) 生产效率高。

模具成型是提高生产效率的一种非常有效的方法。如用普通压力机进行生产，每分钟可达几十次甚至几百次，按一模一件计算，一台压力机每天就可生产数万件；若采用一模多件或多工位级进模进行生产，其生产效率会更高。

(2) 制件质量好。

制件形状的几何尺寸一致性高，具有很好的互换性。如塑料制品不仅容易成型一些自由曲面，而且样式新颖；模锻件强度高；压铸件缺陷少。此外，以复合材料生产的一些制品，如直升机螺旋桨、航空发动机叶片等，具有质量轻、强度高、寿命长等特点。因此，模具成型制品的质量是其他加工方法很难达到的。

(3) 材料利用率高。

模具成型属于少切削或无切削加工，材料利用率高。如在手表壳、铝合金门窗等产品的生产中，采用锻模成型、挤压成型生产方式的材料利用率比采用自由锻、机械加工生产方式的材料利用率高。

(4) 成本低。

由于生产效率高、质量好、材料利用率高，对于具有一定批量的产品，采用模具成型的成本比其他加工方法的成本低，因此，在现代工业中，模具成型技术广泛应用于汽车、家电、仪器仪表、日常用品、玩具等行业。

1.3 模具 CAD/CAM 系统的特点与关键技术

1.3.1 模具 CAD/CAM 系统的特点

1. 产品建模功能

模具 CAD/CAM 系统必须具有产品建模(构型)的功能。这是因为模具设计与一般产品设计过程不同，一般产品设计来源于市场对功能的要求，设计人员要根据这种要求，确定产品性能，建立产品总体设计方案，然后进行具体的结构设计。这种市场需求只有功能要求或一些主要技术参数要求，至于结构形状则由设计人员自己构思。而模具总体设计是根据产品零件图的几何形状、材料特性、精度要求等进行工艺设计与模具结构设计。

利用计算机辅助设计或加工模具时，首先必须输入产品零件的几何图形及相关信息(如

材料性能、尺寸精度、表面粗糙度等)，而计算机图形的生成必须先建立图形的数学模型和存储数据结构，再通过有关运算，才能把图形存储在计算机中或显示在计算机屏幕上，这就是产品建模(构型)。因此，模具 CAD/CAM 系统应具有产品建模(构型)功能。产品构型有 4 种方法，即线框建模、表面建模、实体建模和特征建模。由于前 3 种构型方法属于几何形状建模，这些几何模型仅能描述零件的几个形状数据，难以在模型中表达特征及公差、尺寸精度、表面粗糙度和材料特征等信息，也不能表达设计意图。而模具设计中的成型工艺与模具结构设计，不仅需要产品零件的几何形状数据，还需要其他信息。所以前 3 种不太适合用于模具 CAD/CAM 系统中，只有特征建模才适合建立模具 CAD/CAM 集成系统。

2. 修改及再设计功能

模具 CAD/CAM 系统中的工艺与模具结构设计必须具有修改及再设计的功能，因为目前的成型工艺及模具结构设计主要凭经验，对于复杂形状零件，往往需要经过反复试模、修模等方法才能生产出合格产品。所以试验后需要对工艺与模具结构进行修改，工作量较大。然而，这些修改往往只针对局部模具零件形状，故不希望重新设计。再者，有些工厂是生产系统产品的，更新时产品形状基本相同，只是尺寸或局部形状不同，因此，对于模具设计，也可以利用原有模具而只是修改局部形状及相关尺寸。所以，在模具 CAD/CAM 系统中，只有采用参数化设计及变量装配设计方法才能达到上述要求。

3. 存放大量数据功能

模具 CAD/CAM 系统必须具有存放大量模具标准图形及数据，以及设计准则与经验数据图表的功能。由于模具结构的复杂性(特别是多工位级进模、复合模具、汽车覆盖模具，以及复杂形状的注射模等)，导致模具的设计与制造周期很长。为了缩短其设计与制造周期，国内外均制定了不少模具标准(包括模具标准结构、标准组件及标准零件)。同时，由于工艺设计与模具设计主要靠人的经验，因此，多年来人们总结出了不少设计准则与经验数据，均以图表的形式存在。为此，在建立 CAD/CAM 系统时，需将这些标准与经验数据存入计算机中，以便在进行工艺与模具结构设计时调用。但目前一般商用数据库系统(如 Oracle、Sybase、Informix 等)又不适合存放这些图形与图表数据，为此需要利用与模具设计相适应的工程数据库系统。

1.3.2　模具 CAD/CAM 系统的关键技术

基于上述模具 CAD/CAM 系统的特点，在开发模具 CAD/CAM 系统时，必须应用下述关键技术。

1. 特征建模(构型)

有关特征的概念至今还没有统一、完整的定义，但一般可以认为，特征是具有属性及工程语义的几何实体或信息的集合，也可以将特征理解为形状与功能的组合。常用特征信息主要包括形状特征、精度特征、技术特征、材料特征、装配特征等。特征建模方法可大致归纳为交互式特征定义、特征识别和基于特征的设计 3 个方面。特征模型一方面包括实体模型的全部信息，另一方面又能识别和处理所设计零件的特征。从用户操作和图形显示

上，往往感觉不到特征模型与实体模型的不同，但它们在内部数据表示上是不同的。特征模型能够完整、全面地描述产品信息，使得后续的成型工艺与模具结构设计可直接从产品模型中抽取所需信息。

2. 参数化设计与变量化设计

1) 参数化设计

传统的 CAD 绘图技术都用固定的尺寸值定义几何元素，输入的每一个几何元素都有确定的位置，要想修改图形只能删除原有元素后重画。而模具设计中不可避免地要多次反复修改，进行模具零件形状和尺寸的综合协调，甚至是安装位置的改变，若采用传统方法，每次修改必导致图形的重画，这样的设计效率很低，也达不到实用化的要求。因此，在模具 CAD/CAM 系统中，要采用参数化设计方法。参数化设计是用几何约束、工程方程与关系来定义产品模型的形状特征，也就是对零件上各种特征施加各种约束形式，从而达到设计一组在形状或功能上具有相似性的设计方案。目前能处理的几何约束类型基本上是组成产品形体的几何实体公称尺寸关系和尺寸之间的工程关系，故参数化技术又叫尺寸驱动几何技术。

2) 变量化设计

由于参数化设计是一种“全尺寸约束”，即设计者在设计初期及全过程中，必须将形状和尺寸联系起来考虑，并且通过尺寸约束来控制形状，通过尺寸的改变来驱动形状的改变，一切以尺寸(即“参数”)为出发点。一旦所设计的零件形状过于复杂，就容易造成系统数据混乱。为此，出现了一种比参数化技术更为先进的实体造型技术，即变量化技术。

变量化设计是通过求解一组约束方程组，来确定产品的尺寸和形状。约束方程驱动可以是几何关系，也可以是工程计算条件。约束结果的修改受到约束方程驱动。变量化技术既保持了参数化技术原有的优点，又克服了其不足之处。它的成功应用为 CAD 技术的发展提供了更大的空间与机遇。目前应用变量化技术具有代表性的软件是 SDRC/I-DEAS。

3. 变量装配设计技术

装配设计建模方法主要有自底向上、概念设计和自顶向下 3 种方法。自底向上的方法是先设计详细零件，再拼装成产品。而自顶向下是先有产品的整个外形和功能设想，再在整个外形里一级一级划分出产品的部件、子部件，一直到底层的粗糙零件。在模具中，由于有些模具结构很复杂(如多工位级进模具、汽车覆盖件模具等)，零件数有时达数百个，若一个个零件先设计再装配，不仅设计速度很慢，而且很多零件相互在形状与位置上都有约束关系，如级进模具中的凸模与凹模型腔间、凹模或卸料板上的让位孔槽与凸模及条料间，这些约束关系是无法脱离装配图来进行设计的。因此，在进行模具设计时只能采取自顶而下的设计方法，变量装配设计支持自顶而下的设计。

变量装配设计也是实现动态装配设计的关键技术。所谓动态装配设计，是指在设计变量、设计变量约束、装配约束驱动下的一种可变的装配设计。其中，设计变量是定义产品功能要求和设计者意图的产品整体或其零部件的最基本的功能参数和形状参数。设计变量约束即设计约束或变量约束，设计变量和设计变量约束控制装配体中的零部件的形状。装配约束是通过三维几何约束自动确定装备体内各个零部件的配合关系，它确定了零部件的位置。这些设计变量、设计变量约束、几何约束都是可变化的、可控制的，是动态的。若修改装配设计产生的某些设计变量和约束，则原装配设计将在所有约束的驱动下自动更新和维护，从而得到一个原设计没有概念变化的新的装配设计。动态设计过程是正向设计与反向设计相互结合的过程，正向设计是从概念设计到详细设计的自顶而下的设计过程，而反向设计是指对产品设计方案中一些不满意的地方提出要求或限制条件，通过约束求解对原方案进行设计修改的过程。

变量装配设计把概念设计产生的设计变量和设计变量约束进行记录、表达、传播和解决冲突，以满足设计要求，使各个阶段设计(主要是零件设计)在产品功能和设计意图的基础上进行，所有的工作都是在产品功能约束下完成的。

4. 工程数据库

工程数据库是指能满足人们在活动中对数据处理要求的数据库。工程数据库是随着 CAD/CAM/CAE/CAPP 集成化软件的发展而发展的，这种集成化系统中所有功能模块的信息都是在一个统一的工程数据库下进行管理的。

工程数据库系统与传统的数据库系统有很大差别，主要表现在支持复杂数据类型、复杂数据结构，具有丰富的语义关联、数据模型动态定义与修改、版本管理能力及完善的用户接口等。它不但要能够处理常规的表格数据、曲线数据等，还必须能够处理图形数据。

1.4　模具 CAD/CAM 系统的构成

CAD/CAM 系统由硬件系统和软件系统组成，硬件系统包括计算机和外部设备，软件系统则由系统软件、应用软件和专业软件组成。

1.4.1　模具 CAD/CAM 系统的硬件

模具 CAD/CAM 系统的硬件主要由 5 部分组成，即计算机主机、外存储器、图形输入设备、图形输出设备和网络设备，如图 1.1 所示。

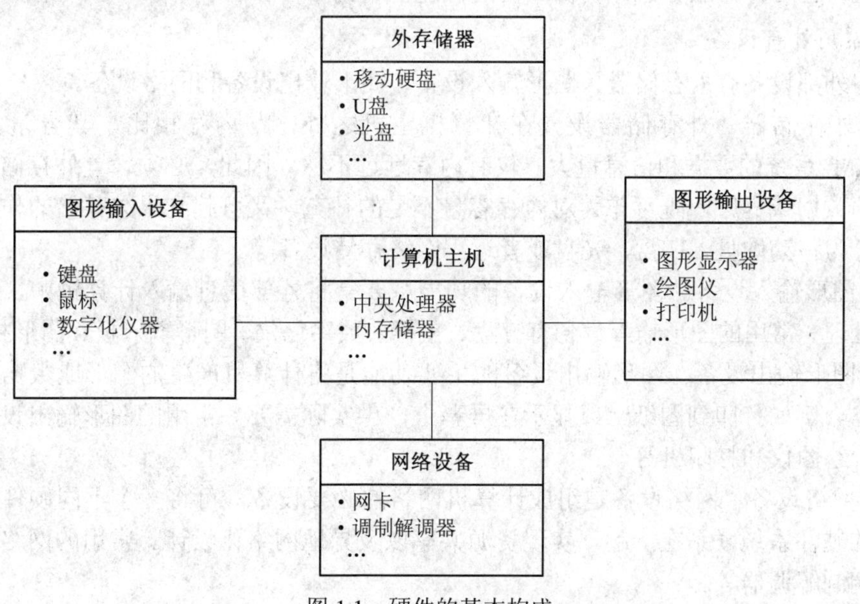

图 1.1　硬件的基本构成

1. 计算机及常用外部设备

1) 计算机

根据计算机的性能，计算机可分为大中型机、小型机、工作站和微机 4 种类型。

(1) 大中型机。该类计算机的优点是功能强大、计算处理能力强、支持多用户同时工作；可进行大型复杂的设计运算和仿真分析；可支持大型数据库的集中管理。其缺点是投资大，不易随着技术发展进行系统更新；系统响应时间随用户增多而变慢；性价比不高。

(2) 小型机。该类计算机曾在 20 世纪 80 年代占据了主要的 CAD 市场，其投资规模适中，能满足一般工程和产品设计的需要，在大中型企业设计部门广泛应用。但 80 年代中期以后，小型机逐渐被工作站所替代。

(3) 工作站。工作站概念萌生于 20 世纪 70 年代，不完全指计算机本身，而是指具有较强科学计算、图形处理、网络通信功能的交互式计算机。常用的工作站有 HP、SUN、SGI 等公司的产品，多数采用 UNIX 或类似 UNIX 的操作系统。工作站是以个人计算环境和分布式网络计算环境为基础，其性能高于微型计算机的一类多功能计算机。个人计算环境是指为个人使用计算机创造一个尽可能易学易用的工作环境，为面向特定应用领域的人员提供一个具有友好人机界面的高效率工作平台。分布式网络计算环境是指工作站在进行信息处理的过程中，可以通过网络与其他工作站或计算机互通信息和共享资源。工作站的多功能是指它的高速运算功能、适应多媒体应用的功能和知识处理功能。高速运算功能包括中央处理器的高速定点、浮点运算以及高速图形和图像处理等功能。多媒体应用功能是指工作站不仅能用于数值与文本数据处理，而且还能处理图形、图像、语音和声音。知识处理功能是指工作站能用于人工智能，如专家系统和基于知识的推理等。

(4) 微机。微型计算机简称微机，俗称电脑，其准确的称谓应该是微型计算机系统。它可以简单地定义为：在微型计算机硬件系统的基础上配置必要的外部设备和软件构成的实体。由于微电子技术的飞速发展，微机已成为模具 CAD/CAM 系统的主流计算机，可作为客户机，也可作为服务器，高档微机的性能已达到工作站的水平。

2) 常用外部设备

常用外部设备有外存储器、图形输入设备、图形输出设备和网络设备。

(1) 外存储器。外存储器设置在计算机主机之外，与内存相比，其容量大。由于 CAD/CAM 系统的数据和信息量大，仅有内存远远不够，因此，必须设置外存储器存放暂时不用的数据或程序，既可作为对内存容量不足的补充，又可起到永久存储的作用。外存储器可分为移动硬盘、U 盘、光盘或者远程网络存储设备等。

(2) 图形输入设备。图形输入设备的功能主要是将外部信息输入计算机中，供计算机运算和处理。常用的图形输入设备有键盘、鼠标、数字化仪、图形输入板、图形扫描仪等。

(3) 图形输出设备。图形输出设备的主要功能是将计算机产生的图形或数据以不同的方式输出。例如打印到图纸上或显示在屏幕上，供实际需要。常用的图形输出设备有图形显示器、绘图仪和打印机等。

(4) 网络设备。网络设备是组成计算机网络的必要设备，可将多个不同硬件，甚至不同区域的硬件系统联系在一起，实现资源共享以及异地网络化设计。常用的网络设备包括网卡、调制解调器等。

2. 硬件系统的配置

模具 CAD/CAM 系统的硬件配置比较灵活，根据用途和经济实力配置，又有如下特殊要求。

1) 较高的图形输入、输出设备性能

由于模具 CAD/CAM 系统是以数据化的图形来表达设计方案的，因此，对图形输入、输出设备的传输速度、精度、色彩等性能要求较高。例如，设备性能要求有分辨率较高、真彩色、大尺寸的图形显示器，要求有加快图形处理速度的图形加速卡以及高分辨率、大幅图形的彩色绘图仪等。

2) 较高的运行速度

随着技术的进步，模具 CAD/CAM 系统的软件功能日趋强大，由于其内部有大量复杂的数学计算分析，例如复杂三维模型的各种变换、装配、干涉检查以及工程模拟等，因此，与之配套的计算机硬件运行速度要高。

3) 足够的外部存储空间

由于在设计和制造过程中会产生大量的图形、图像、技术文件，另外还需要各种图形库、数据库和配套的应用软件，这些将占据非常大的外部存储空间。

4) 较好的网络性能

由于复杂的设计工作需要团队协作完成，不同的人、部门可能在不同的地方同时为某一项设计任务而工作，因此，高性能的网络系统是协同设计的基本要求，它包括网络速度、稳定性、安全性等。

1.4.2　模具 CAD/CAM 系统的软件

软件在模具 CAD/CAM 系统中占有重要的地位，通过软件可很好地发挥硬件的功能，实现整个系统的作业过程。根据软件在系统中的作用，软件可分为系统软件、支撑软件和应用软件 3 类。

1. 系统软件

系统软件指操作系统软件及语言等。它不是用户的应用程序，主要用于计算机资源的有效管理、用户任务的有效完成以及提供方便的操作界面，构成一个良好的软件工作环境，供应用程序开发使用。

1) 操作系统

操作系统(Operation System，OS)应具有 5 方面的管理功能，即中央处理器(CPU)的管理、内存分配管理、文件管理、外部设备管理和网络通信管理。目前常用的操作系统是 UNIX 和 Windows 系列，工作站和微机均可使用。

2) 计算机语言

计算机语言一般分为汇编语言和高级语言。汇编语言是一种与计算机硬件相关的符号指令，属低级语言(符号语言)，执行速度快，可充分发挥硬件的功能，常用来编制最底层的绘图功能(如点、线等的绘制)，也用来编制硬件驱动程序。高级语言与自然语言较接近，编制的程序与具体计算机无关，经编译与有关库链接后即可执行。目前比较流行的高级语

言有 Java、C++、Visual C++、Basic、Python、Lisp、Prolog 等。

2. 支撑软件

CAD/CAM 系统的支撑软件主要包括图形处理软件、几何造型软件、有限元分析软件、数据库管理软件、优化设计软件、数控加工软件、检测与质量控制软件等。模具 CAD/CAM 系统支撑软件从功能上可分为三类：第一类解决图形设计问题，第二类解决工程分析与计算问题，第三类解决文档写作与生成问题。

1) 计算机图形资源软件

计算机图形是借助计算机，通过程序和算法在图形显示和绘图设备上生成图形，并按用户给定指令改变图形内容的数据处理方式。基本的图形资源软件主要是根据各种图形标准或规范实现的软件包，大多为供应用程序调用的图形程序包或函数库，与计算机硬件无关，有优良的可移植性。用户在进行深入的研究开发中，应对这部分图形资源的利用加以重视。

目前，比较流行的图形资源有面向设备驱动的计算机图形接口(CGI)、面向应用程序的图形程序包 GKS 及 PHIGS，还有某些特有的程序包，如 OpenGL 等。

2) 工程分析及计算软件

有限元建模与分析技术被广泛应用到产品和零件结构分析以及产品性能的模拟仿真分析方面。目前，有限元分析技术比较成熟，已达到实用程度，比较流行的模具 CAE 软件有 Deform、Superform、Dynaform、Moldflow 等。另外一些大型的三维 CAD 系统自身也集成了有限元分析模块，如 UG NX 6.0 集成了 Ansys、Abaqus、Ls-Dyna、MSC Nastran 等有限元分析模块。对于一些低档的 CAD 系统，一般可采用其进行建模，然后利用数据交换文件通过商品化有限元软件的接口读入有限元软件中进行处理。

对于机构运动分析软件而言，主要是确定整个机构的位置、运动轨迹、速度，计算节点力，检验干涉，显示机构静态、动态图及各种分析结果的曲线等。

3) 工程数据管理软件

在模具 CAD/CAM 系统工作过程中，会产生大量的图形、装配、材料性能、工艺数据、分析与优化结果等数据信息，并且在设计过程中，还需要将许多手册和资料中的数据、图表等内容存储起来，如标准模架库、标准件库等。因此，有效地管理、使用这些数据是模具 CAD/CAM 系统的一项关键任务。

目前，主要是应用数据库管理软件来管理各种数据信息，但与传统数据库不同的是，该类工程数据库要适应模具 CAD/CAM 系统的数据量大、形式多样、结构烦琐、关系复杂、动态性强等特点。随着 CAD/CAM 系统的发展，数据库及其管理系统已成为现代化设计系统一个极为重要的组成部分。

4) 二次开发工具

图形软件一般着眼于共性的、通用的问题，而对一个企业、某一类产品或某一个工程，其所应用的图形软件都有自身的特点。为更有效、方便地服务于这些特定目的，必须在通用图形软件平台上进行二次开发，研制相应的应用软件，例如 UG 软件的级进模设计模块(Processive Die Wizard)和注射模具设计模块(Mo1d Wizard)。因此，支撑软件应该为应用软件提供二次开发工具，使用户可方便、迅速地进行二次开发。例如 AutoCAD 软件提供了 Auto LISP、ARX、Visual LISP 等开发工具，UG 软件提供了 Open Grip、Open API、UI Styler 等开发工具。

3. 应用软件

模具 CAD/CAM 系统应用软件主要是面向用户的，在对主机的要求、外围设备的种类、用户界面、软件设计方法和软件规模等方面都有自己的特点。

目前，市场上流行的商品化 CAD/CAM 软件系统种类繁多，主要有美国 Autodesk 公司的 AutoCAD 及 Inventor、美国参数技术公司(PTC)的 Pro/Engineer、法国达索公司(Dassault System)的 CATIA、美国 SolidWorks 公司的 Solid Edge 以及德国 Siemens 公司的 UG NX 系列等。国内的二维 CAD 软件较多，如 CAXA、大恒 CAD、开目 CAD 等，但在大型三维 CAD 软件方面与国外的差距较大。

第 2 章　模具 CAD 基本技术

2.1　CAD 系统的技术构成

CAD 系统一般由许多不同的功能模块组成，各功能模块既相互独立工作，又相互传递信息，形成一个协调有序的系统，如图 2.1 所示。

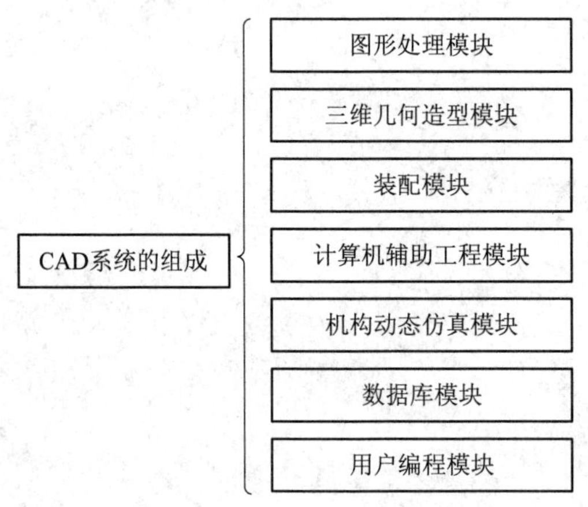

图 2.1　CAD 系统的组成

1. 图形处理模块

图形处理模块专供用户进行零件二维图形的设计、绘制、编辑以及零件装配图的绘制、编辑。

2. 三维几何造型模块

三维几何造型模块为用户提供完整的、准确的描述和显示三维几何形状的方法和工具，它具有消隐、着色、灰度处理、实体参数计算、质量特性计算等功能。

3. 装配模块

装配模块用于完成从零件到部件或产品的三维装配，建立产品结构信息模型和产品明细表，进行静态干涉检查等。

4. 计算机辅助工程模块

计算机辅助工程模块包含许多独自的子模块，如有限元分析模块、优化方法模块等。利用有限元分析模块可以进行结构件的力学、动力学、温度场分析，流体的流动特征分析等；而优化方法模块将优化技术用于工程设计，通过综合多种优化计算方法来求解设计模型。

5．机构动态仿真模块

机构动态仿真模块用于求解各个部件的重心、质量、惯性矩等物理特性，设定各个构件的运动规律和参数，并且进行运动仿真和运动干涉检查。

6．数据库模块

数据库模块用于完成对 CAD 系统的数据库维护和管理。在利用 CAD 系统进行产品设计的过程中会产生大量的数据，通常需要对这些数据进行计算处理。这些数据中有静态的数据，如标注设计数据、标准图形文件等，也有动态的数据，如设计过程中的数据，对这些数据如何描述，如何管理，就是数据库模块的范畴。

7．用户编程模块

用户编程模块包括用户编程语言和图形库，便于用户对 CAD 系统进行二次开发，提高 CAD 系统用户化程度，以充分发挥系统的性能和提高使用效率。

对不同的用户，所使用模块的侧重点不同。例如，对于使用 CAD 系统进行产品设计的人员而言，他们的任务是如何利用 CAD 将产品快速合理地设计出来，其关心的重点是图形处理模块、三维几何造型模块、装配模块、计算机辅助工程模块和机构动态仿真模块的使用；而对于 CAD 系统开发人员，他们关注的重点是数据库模块和用户编程模块的开发使用，即进行 CAD 系统的二次开发。

2.2　计算机图形处理技术

计算机图形处理技术是 CAD/CAM 的重要组成部分，其发展有力地推动了 CAD/CAM 的研究与发展，为 CAD/CAM 提供了高效的工具和手段，而 CAD/CAM 的发展又不断对其提出新的要求与设想，因此，CAD/CAM 的发展与计算机图形处理技术之间有着密不可分的联系。

2.2.1　图形处理的概念及分类

计算机图形处理是利用计算机的高速运算能力和实时显示能力来处理大量的图形信息。它包含图形信息的输入、输出、显示，图形的生成、变换、编辑、识别，图形之间的运算与交互式绘图等多方面内容。

计算机可以处理的图形不仅包括由绘图仪等绘图工具绘出的工程图样，而且还包括客观世界中的景物、照片、美术图片和雕塑等。这两种图形在计算机内部的描述方法是不同的，前者为矢量图形，计算机记录的是图形的形状参数与属性(颜色、线型等)参数。后者为点阵图形，指用点阵的填充来表示图形，构成的点阵都具有一定的灰度与色彩。通常，将点阵图形称为图像，而将矢量图形称为图形。

依据绘图设备的不同，计算机图形处理的方法可分为矢量法与描点法两种，分别与图形处理和图像处理相对应。在矢量法中，任何形状的曲线都可以用首尾相连的直线逼近。绘图仪就是一种典型的矢量输出设备。描点法主要用于光栅扫描显示器中，它把显示器的屏幕分为有限多个离散点(称为像素)，每个离散点可有多种颜色，这样由像素组成的阵列

便可描述不同的图像。

CAD/CAM 中的图形处理是指对矢量图形的处理。无论图形多么复杂，它均由基本图素(如点、线段、圆弧、字符)及一些特殊的图形符号等组成。这些图素便是图形变换、存储等操作的逻辑对象。

计算机图形处理系统按其工作方式可分为静态自动图形处理系统和动态交互绘图系统两种类型。静态自动图形处理系统是指将图形编成绘图程序的系统，在绘图过程中不允许人工干预和修改。如果绘出的图形不符合要求，则需要手工在图纸上改动或修改绘图程序。这种系统多用于设计图形比较成熟或对图形要求不严格、不需要对图形进行修改的情况。而对交互式 CAD/CAM 系统，尤其是对于新产品的设计，需要在设计过程中反复分析、计算、修改，则应采用动态交互绘图系统来实现图形设计的实时编辑。

动态交互绘图系统是用户通过输入设备，实时动态地控制显示屏上图形的形状及其属性等多方面内容的计算机应用系统。在这种系统中，人与计算机的通信是双向的，用户可以对图形不断修改，直到结果满意为止。一些常用的 CAD/CAM 图形软件，大多采用动态交互绘图系统。

2.2.2　计算机图形处理系统的组成

计算机图形处理系统由硬件和软件组成。硬件部分由计算机主机、外存储器(移动硬盘、光盘、U 盘、磁带等)、输入设备(键盘、数字化仪器、鼠标、扫描仪等)和输出设备(图形显示器、绘图仪等)组成。软件部分由图形软件、应用数据库及图形库和应用程序组成。图形软件通常分为 3 种：基本绘图指令软件、图形支撑软件和专用图形软件。

2.2.3　计算机图形处理技术与算法

计算机图形处理相当复杂，涉及许多技术与算法，概括起来，大致可分为图形生成技术与算法、图形编辑修改技术与算法、真实图形技术与算法、虚拟现实技术与算法以及科学计算的可视化技术与算法等内容。下面主要介绍前面两种技术与算法。

1. 图形生成技术与算法

1) 基于图形设备的基本图形元素的生成算法

例如用光栅显示器生成直线、圆弧、规则曲线、封闭区域填充等，就属于这种算法。直线的生成常用 DDA(Digital Differential Analyzer)法或 Bresenham 法，即根据直线的微分方程或斜率求解并绘制直线。圆弧的绘制则可以运用圆弧生成正负法、多边形逼近法等多种算法。封闭区域填充有两种算法，即多边形填充法和种子填充法。多边形填充法是根据多边形各顶点的坐标，按扫描线顺序计算扫描线与多边形的相交区间而加以填充；种子填充法是根据边界颜色特征及区域内的一个种子点的坐标，首先完成种子点处像素填充，再将相邻的像素坐标作新的种子，如此循环往复，直到完成整个区域的填充。

2) 曲线曲面的生成方法

一般规则曲线、曲面可按其参数方程生成。自由曲线、曲面则需要由不规则的、离散的数据加以构造，通常采用插值运算或曲线拟合法。

3) 布尔运算

布尔运算是几何建模中的核心算法，通过求交、并、差等运算将基本的几何体拼合成所需的任意复杂物体。布尔运算的基础是几何运算。

4) 不同字体中、西文点阵表示以及矢量字符的生成

我国制定了汉字代码的国家标准字符集。为了在终端显示器或绘图仪上输出字符，系统中必须装备相应的字符库。字符库中存储了每个字符的形状信息，分矢量型和点阵型两种。矢量型字符库采用矢量代码序列表示各字符的各笔画，如 AutoCAD 中的图形文件定义的字符。点阵型字符库为字符定义了一个字符掩码，表示该字符像素图案的一个点阵。我国广泛使用的汉字系统，大多采用 16×16 的点阵汉字作为显示用字符。而在打印时，采用 24×24、40×40 或 72×72 的点阵字符。当对字符要求较高时，还需采用压缩技术，如黑白段压缩法、部件压缩法以及轮廓字型法等。

2．图形编辑修改技术与算法

1) 图形裁剪

由窗口观察图形时，会产生这样的问题，即有哪些图形位于窗口之内，哪些图形位于窗口之外。在图形显示、输出时，位于窗口之内的图形可见；位于窗口之外的图形要被裁剪掉，为不可见。裁剪的对象是各类图形元素，如点、线段、曲线、多边形以及字符。图形裁剪常用的算法有编码算法、矢量线段裁剪法、中点分割法。在裁剪对象中，点和直线是最基本的。

首先来分析点的裁剪情况。假设窗口左下角极限坐标为(x_{min}，y_{min})，右上角极限坐标为(x_{max}，y_{max})，当判断该点为可见时，必须满足下列条件：$x_{min} \leqslant x \leqslant x_{max}$，$y_{min} \leqslant y \leqslant y_{max}$。当上述两个条件中任一个条件不满足时，该点为不可见。

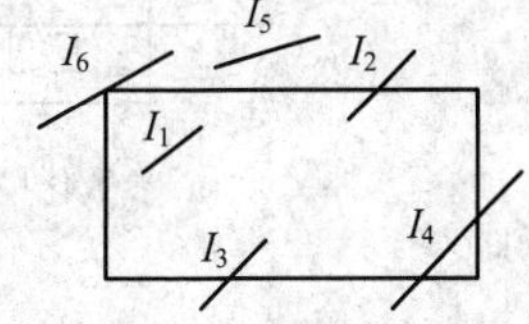

图 2.2　二维线段剪裁时的几种情况

二维线段相对于窗口有多种可能，如图 2.2 所示。I_1 全部包含在窗口之内，I_2、I_3 有一个端点在窗口之内，I_4 中间一部分位于窗口之内，I_5 则全部位于窗口之外，I_6 与窗口相交于一点。

下面介绍 Dan Cohen 和 Ivan Sutherland 设计的算法。如图 2.3 所示，用窗口的边框将平面分成 9 个区域，每个区域用 4 位二进制码表示，任一条直线的两个端点的编码都与它们所在的区域号对应。

1001	1000	1010
0001	0000	0010
0101	0100	0110

图 2.3　窗口边缘分割的 9 个区域

4 位二进制代码(以二进制形式自右向左给出)的每一位意义如下：

第一位：点在窗口边界之左时为 1；

第二位：点在窗口边界之右时为 1；

第三位：点在窗口边界之下时为 1；

第四位：点在窗口边界之上时为 1；

其余为 0。

该算法的基本思想是，对直线的两个端点进行测试。若两端点的 4 位代码均为 0000，则整条直线位于窗口之内，直线全部可见。若两个端点的 4 位代码不全为 0000，其逻辑乘

为 0，则必须将线段再分。再分的方法是求线段与窗口边框的交点，求出交点后，以交点为界，把窗口外的部分判断为不可见，窗口内的部分判断为可见。

2) 图形变换

图形变换包括图形的比例缩放、对称变换、错切变换、旋转变换、平衡变换等内容。

2.2.4 参数化与变量化绘图

一个新型产品，从设计到定型，往往要经历反复的修改和优化；定型之后，还要针对不同规格形成系列产品。这些都需要产品的设计图形能够随着结构尺寸的修改或规格系列的变化而自动生成。而早期的 CAD 系统设计出的工程图纸仅仅只是基本几何图素的拼接，并没有包含图形内在的拓扑关系和尺寸约束，因而不能随意修改。近年来出现的参数化与变量化绘图可以有效地解决这一矛盾。

1. 参数化与变量化绘图的基本概念

参数化绘图是指设计图形的拓扑关系不变，尺寸形状由一组参数进行约束。图 2.4(a)所示为一图形参数化模型，它定义了各部分尺寸的变量名。通过修改参数变量值，可以得到如图 2.4(b)所示各种情况。因此，参数与图形的控制尺寸是一种显示的对应关系，不同的参数变量值驱动产生大小和形状不同的几何形状。

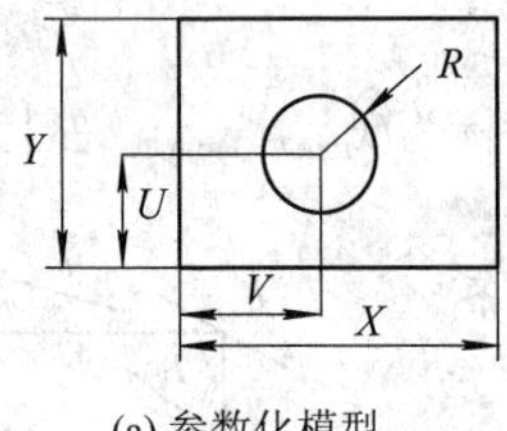

(a) 参数化模型

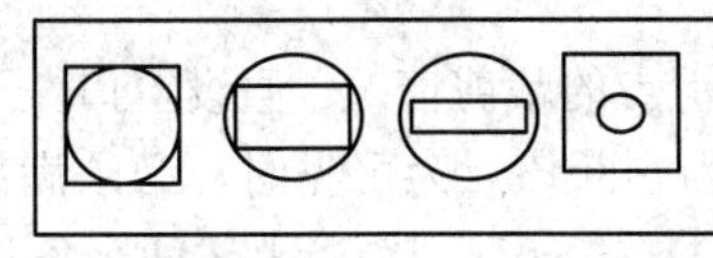

(b) 参数化绘图可能得到的结果

图 2.4 参数化绘图示意图

变量化绘图是指设计图形的修改自由度不仅包括尺寸、形状参数，而且还包括拓扑关系，甚至工程计算条件，修改余地大，可变元素更多。设计结果受到一组约束方程的控制与驱动。在设计之初，设计人员可以只考虑到主要变量因素，一切细节问题可以在后续的约束中完成。

因此，参数化绘图与变量化绘图在本质上是一致的，都是在约束的基础上驱动产生新的图形，不同的仅仅是约束自由度的范围。

2. 参数化绘图的实现方法

1) 建立几何拓扑模型

建立几何拓扑模型是参数化绘图的前提。根据设计图形的要求，利用 CAD 系统中的草图器(Sketch)绘制草图并加以约束，建立几何拓扑模型。一些基于参数化设计的 CAD/CAM 软件，如 Pro/Engineer 软件、UG II 等，都提供了十分方便的草图绘制工具。

2) 进行参数化标注

参数化标注是在几何拓扑模型的基础上，分析其结构特点和控制尺寸，标注参数变量。

参数变量的值可以根据需要确定，也可用默认值。但要注意的是，参数标注应与工程图纸上的标注一致。

3) 推导参数表达式

模型中的一些参数往往并不是独立的，经常会有一些关联，当其中一些参数发生变化时，另外一些参数也会随之发生变化。建立参数之间的表达式，可以有效地减少参数变量。

4) 编制程序

将以上的分析结果编制成计算机程序，以备后用。

3. 变量化绘图的实现方法

变量化绘图的本质是动态地建立和识别约束，并在此约束下求解各特征点，难度较大，目前正处于完善阶段。美国 SDRC 公司开发的著名软件 I-DEAS 就是基于变量化设计的 CAD/CAM 软件系统。由于变量化绘图技术的实现要从数学上解决欠约束等问题，SDRC 公司从 1990 年起，用了 3 年的时间才将软件全部重新改写。目前，实现变量化绘图的方法归纳起来主要有下面几种：整体求解法、局部求解法、几何推理法和辅助线求解法。

2.2.5 交互式绘图

交互式设计是以 CAD 为主要形式，它是指设计人员将设计构思输入系统，系统对构思加以描述、整理再输出给技术人员；技术人员进行修改、补充后再输入到计算机，最后由系统进行分析、判断，将结果输出。如此循环往复，直到设计满意为止。显然交互式设计需要交互式绘图系统的支撑环境，交互式绘图的过程可以分解为一系列基本操作，每个基本操作都可以完成一些特定的任务，归纳起来主要有定位、定量、选择、拾取和文本共 5 项任务。许多图形软件如 AutoCAD 都是交互式绘图软件。

2.3 几何建模与特征建模

几何造型也称为几何建模，该技术是 20 世纪 70 年代中期发展起来的一种通过计算机表示、控制、分析和输出几何实体的技术，其实质是以计算机能够理解的方式对三维几何形体进行确切的定义，即赋予一定的数学描述，再以一定的数据结构形式对所定义的几何实体加以描述，从而在计算机内部构造出一个几何实体模型。几何建模是 CAD/CAM 系统中的基础技术，几何模型是设计与制造的原始数据，可以为设计与制造提供基础支持。

几何建模的主要作用如下：

(1) 设计方面：显示零件形状，利用剖面图检查壁厚、孔的位置等；进行物理特性计算，如零件面积、体积、质量、重心和惯性矩等；生成有限元分析网格，为有限元分析软件作准备；生成工程零件图、装配图，产生各种渲染图及动画。

(2) 装配方面：模拟设计对象的装配过程，进行干涉和碰撞检查。

(3) 制造方面：利用生产的三维几何模型提供与加工特征有关的几何信息，进行工艺规程设计、数控自动编程及刀具轨迹的仿真。

几何建模的方法是建立在对其几何信息、拓扑信息和特征信息处理的基础上，实现对

实体的描述和表达。几何造型过程中，对物体的描述和表达包含几何信息、拓扑信息和特征信息等内容。几何信息是指物体的形状及属性(如颜色、纹理等)；拓扑信息则是指构成物体各分量的数目及相互之间的存在关系；特征信息包括实体的精度信息、材料信息等与加工有关的信息。

根据造型空间的不同，可将几何造型分为二维造型和三维造型两类。按照对几何信息与拓扑信息的描述及存储方法的不同，三维几何造型又可分为线框造型、曲面造型、实体造型和特征造型。

根据对几何信息、拓扑信息和特征信息处理方法的不同，以及几何建模的发展历程，几何建模分为线框建模、曲面建模、实体建模和特征建模。

2.3.1　线框建模

1. 线框建模(Wireframe Modeling)的原理

线框造型是 CAD/CAM 发展过程中应用最早，也是最为简单的一种建模方法。20 纪 60 年代，最初出现的线框造型技术仅仅局限在二维平面，用户需要逐点、逐线地构造模型，其目的是用计算机取代手工绘图。随着计算机图形变换理论的发展，三维线框造型系统才迅速发展起来。三维线框造型通过基本线素来定义产品的棱线部分，从而构成立体框架图。用这种方法生成的模型由一系列的直线、圆弧、点以及自由曲线组成。

在建模系统中，通过顶点和棱边(弧线)来描述形体的几何形状。线框模型的数据结构可由一个顶点坐标和一个棱边坐标组成，其棱边表用来表示棱边和顶点的拓扑关系，如图 2.5 所示。线框模型的各元素按体、边、点的层次结构清晰地顺序排列。

棱边表

棱线	顶点	
K_1	P_1	P_2
K_2	P_2	P_3
K_3	P_3	P_4
⋮	⋮	⋮
K_{17}	P_2	P_8
K_{18}	P_1	P_7

顶点表

顶点	坐标值		
	X	Y	Z
P_1	X_1	Y_1	Z_1
P_2	X_2	Y_2	Z_2
P_3	X_3	Y_3	Z_3
⋮	⋮	⋮	⋮
P_{11}	X_{11}	Y_{11}	Z_{11}
P_{12}	X_{12}	Y_{12}	Z_{12}

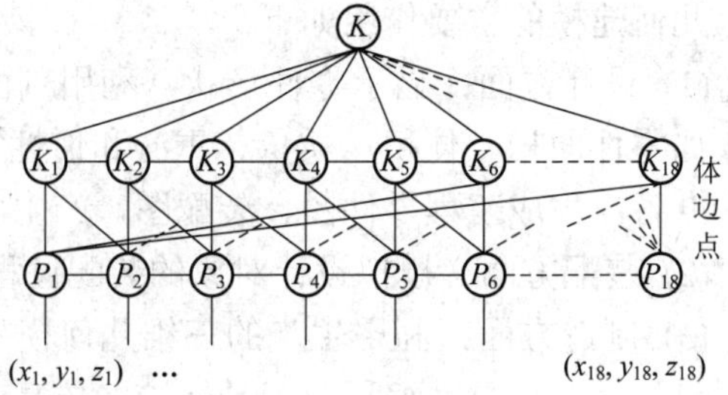

图 2.5　线框模型的数据结构

2. 线框造型的特点

从图 2.5 所示的数据结构可以看出，线框模型只提供顶点和棱边的信息，边与边之间没有关系，即没有构成面的信息。因此，线框模型不存在内外表面的区别，也就是说线框模型不能实现消隐，不能做剖切，不能对面实行运算，无法生成加工刀具轨迹，不能检查物体间碰撞、干涉等。甚至在有些情况下，还会出现由于信息不完整而使图形存在多义性的可能，如图 2.6 所示。

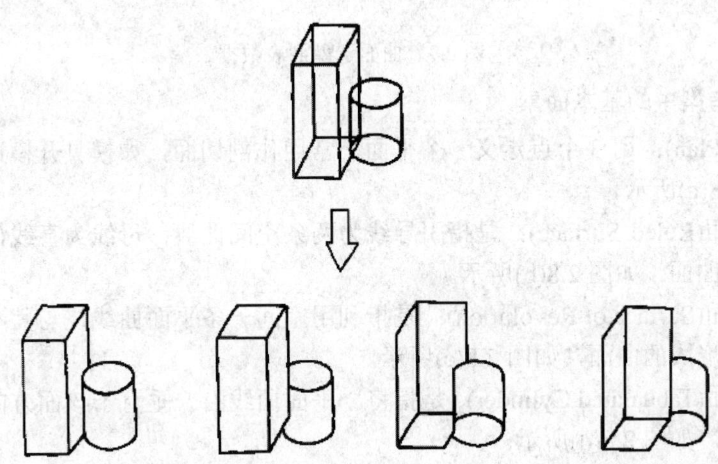

图 2.6　线框模型的多义性

线框造型的优势在于因信息量少而使数据运算简单，所占存储空间小，并且对计算机硬件要求不高，在计算机发展初期得到应用，容易掌握，处理时间短，具有良好的时间响应特性。利用线框模型，可以通过投影转化快速生成三视图，生成任意视点和方向的透视图和轴侧图，并能保证各视图之间正确的投影关系。因而，线框建模至今仍得到普遍的应用，它作为建模的基础与曲面建模和实体建模密切配合，成为 CAD 建模系统中不可缺少的部分。

2.3.2　曲面建模

1. 曲面建模(Surface Modeling)的原理

曲面建模也称为表面建模，是通过对物体的各种表面或曲面进行描述的一种三维造型方法。曲面建模是 CAD 和计算机图形学中最活跃、最关键的学科之一，主要适用于表面不能用简单的数学模型进行描述的复杂物体表面，如汽车、飞机、船舶、水利机械和家用电器产品的外现设计以及地形地貌、石油分布、山脉、云彩等物体的形状模拟。

曲面建模的数据结构是在线框建模的基础上，增加了面的有关信息和连接指针，除了顶点表和棱边表之外，增加了面表结构，如图 2.7 所示，顶点和棱表同线框造型。曲面造型时，先将复杂的外表面分解成为若干个组成面，然后根据一块块组成面定义出基本面素，最后利用合并、连接、修剪和延伸等方式将各基本面素拼接出物体表面，如小轿车的表面模型就可以采用曲面建模来完成。

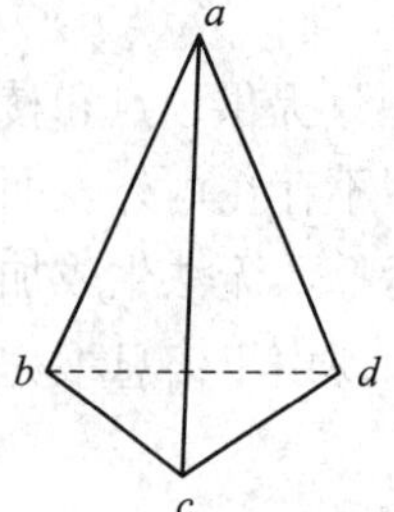

面号	棱边	可见性
1	*ab*, *bc*, *ca*	可见
2	*ab*, *cd*, *da*	可见
3	*bc*, *cd*, *db*	不可见
4	*ab*, *bd*, *da*	不可见

图 2.7　曲面造型面表数据

2．曲面造型中的基本面素

(1) 平面(Plan)：用 3 个点定义一个平面，常用作剖切面，如模具开模过程中用到的分型面，如图 2.8(a)所示。

(2) 直纹面(Ruled Surface)：是指引导线为两条空间曲线，母线为直线，其端点必须沿引导线移动的曲面，如图 2.8(b)所示。

(3) 旋转面(Surface of Revolution)：是指利用空间一条平面曲线绕与其不相交的任意空间轴线旋转而形成的曲面，如图 2.8(c)所示。

(4) 柱状面(Tabualated Cylinder)：是指将一平面曲线沿一垂直于该面方向移动某一距离而生成的曲面，如图 2.8(d)所示。

(5) 贝赛尔(Bezier)曲面：1962 年，法国雷诺汽车公司的贝赛尔提出了以他自己名字命名的曲线、曲面造型方法。Bezier 曲面是以 Bezier 空间参数函数为基础，用逼近方法形成的光滑曲面。该曲面通过参数函数的特征多边形的起点和终点，但不通过中间点，是一组空间输入点的近似曲面，不具备局部控制的功能，如图 2.8(e)所示。

(6) β 样条曲面：是指以 β 样条函数为基础，用逼近的方法所形成的光滑曲面。该曲面的性能比 Bezier 曲面的好，主要在于 β 样条曲面控制点是局部的，而非全局的，修改某些控制点，只修改这些相关点的局部曲线形状，如图 2.8(f)所示。

(7) 孔斯(Coons)曲面：是指由封闭的边界曲线组成的曲面，如图 2.8(g)所示。

(8) 圆角面：为两曲面间的过渡曲面，性质是 β 样条曲面，如图 2.8(h)所示。

(9) 等距离面：是指形状相同而尺寸不同的一组曲面，如图 2.8(i)所示。

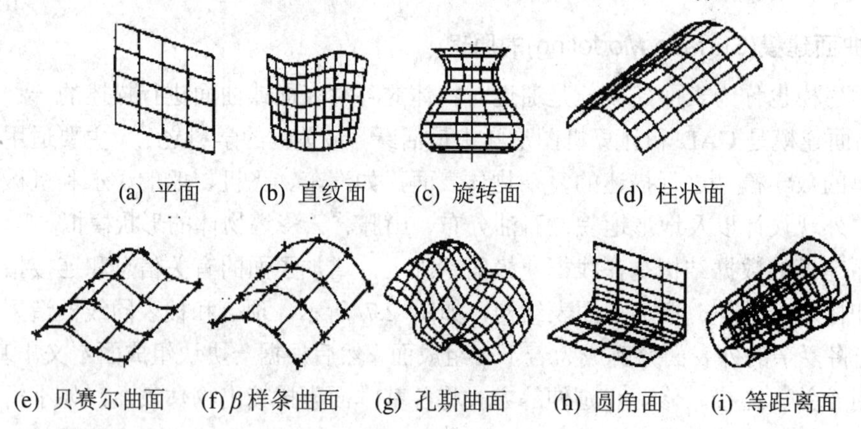

(a) 平面　(b) 直纹面　(c) 旋转面　(d) 柱状面

(e) 贝赛尔曲面　(f) β 样条曲面　(g) 孔斯曲面　(h) 圆角面　(i) 等距离面

图 2.8　曲面造型中的基本面素

3．曲面建模的特点

由于曲面建模增加了面素的信息，因而在提供三维实体信息的完整性、严密性方面比线框造型更进了一步。曲面建模克服了线框造型的许多缺点，并且能够比较完整地定义三维立体的表面，建模能力得到提升。曲面建模可以实现消隐、着色、表面积计算、曲面求交、刀具轨迹生成及有限元网格划分等功能。

曲面造型也有其局限性，由于它所描述的是实体外表面，并没有切开实体而展开其内部结构，因而，也就无法表示零件的立体属性。由此，很难判断一个经过曲面造型生成的物体是一个实心结构，还是具有一定厚度的壳体结构，这种不确定性同样会给物体的质量特性分析带来问题。

2.3.3　实体建模

1．实体建模(Sold Modeling)的原理

实体建模是 20 世纪 70 年代后期逐渐发展完善起来的一种建模技术。实体建模的标志是在计算机内部以实体描述物体，它记录了实体全部点、线、面、体的拓扑信息，是当代 CAD 技术发展的主流。实体建模是利用一些体素通过布尔运算生成复杂形体的一种造型技术。其主要内容包含体素的定义、描述和体素之间的布尔运算。体素的定义与描述有以下两种方法：

1) 基本体素法

基本体素法利用计算机内部预先储存的体素创建几何体，根据实际情况，只需给基本体素的尺寸参数赋值就可得到想要获得的新形体。实体建模系统中常见的体素有长方体、圆柱体、球体、锥体、圆环体等，如图 2.9 所示。简单的实体模型可以通过基本体素的尺寸参数、位置参数和方向参数赋值获得，如长方体通过长、宽、高、基点和方向来定义。复杂程度较高的实体模型可用多个基本体素进行布尔运算获得。布尔运算是一种集合运算方式，通过集合运算将两个或两个以上的实体生成新的实体-布尔模型(Boolean Model)。布尔运算有并、交和差三种运算方式，分别用符号“∪”“∩”和“\”表示。图 2.10 所示为基本体素的布尔运算示意。

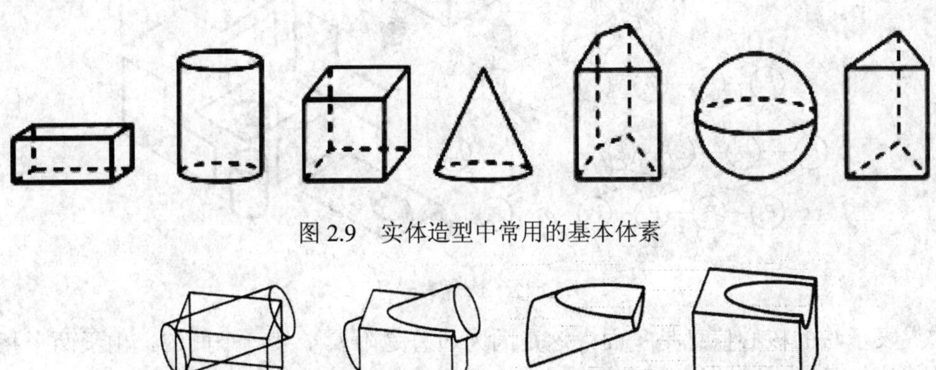

图 2.9　实体造型中常用的基本体素

(a) 基本实体　(b) 并　(c) 交　(d) 差

图 2.10　基本体素的布尔运算

2) 扫描法

扫描法是由一个二维图形或三维形体在空间沿某一方向平移或绕某一轴线旋转来定义实体的方法。运用该方法生成实体需要两个条件：一个是扫描截面；另一个是扫描路径。根据扫描路径可将扫描分为平移扫描和旋转扫描两种方式，如图 2.11 所示。通过扫描变换可以生成某些用基本体素法难于定义和描述的物体模型。

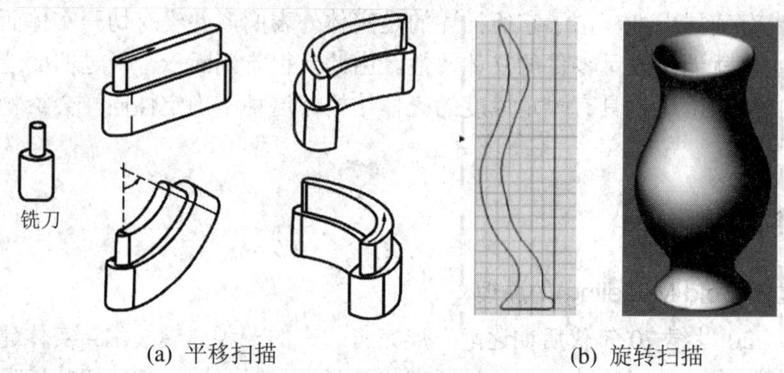

(a) 平移扫描　(b) 旋转扫描

图 2.11　扫描法生成实体

2. 三维实体模型在计算机内部的表示方法

1) 边界表示(Boundry Representation，B-Rep)法

B-Rep 法首先在欧洲发展起来，并成为很多系统的基础。这些系统的基本设想是把物体定义为封闭的边界表面围成的有限空间，封闭边界用面的子集来表示，而每一个面又将通过边、边或通过点、点或通过 3 个坐标值来定义。因此，边界表示法强调的是形体外表的细节，详细记录了构成几何形体的所有几何信息和拓扑信息，其模型中的数据结构呈网状结构，如图 2.12 所示。

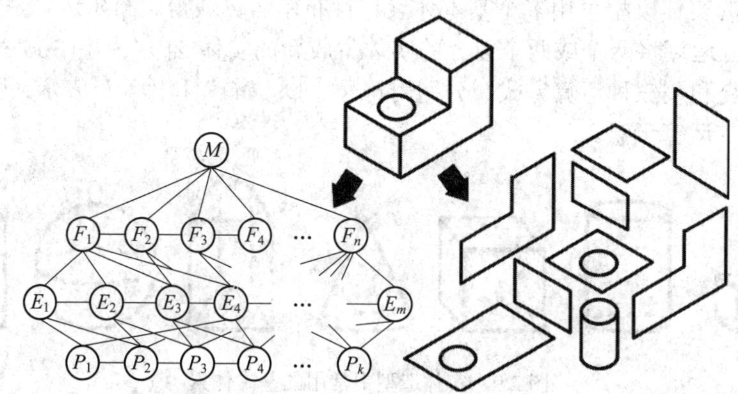

图 2.12　边界表示法

边界表示法的核心信息是平面，这是因为边总是附属于某一平面的。由于两个相邻的平面的交线也是边，因此构成了面与面的关联。在大多数系统中，边的信息在计算机内部都是两次存储，一次涉及平面 n，另一次涉及平面 m(见图 2.13)。通过边的指向可标识平面的法线方向，因此，某一平面是内平面还是外平面就很容易判断。

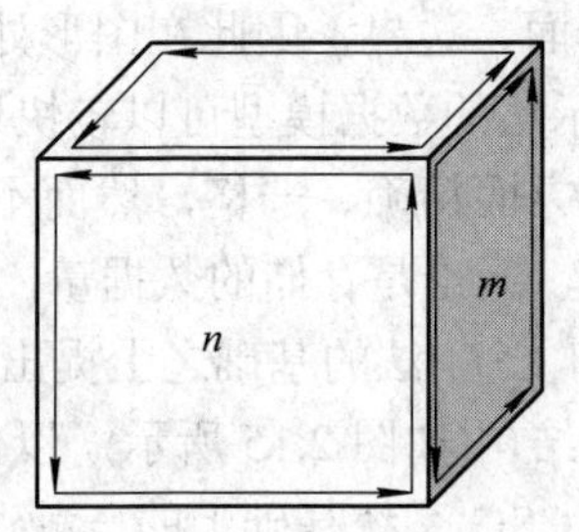

图 2.13　边的信息储存示意图

边界表示法的优点在于含有较多的关于面、边、点及其相互关系的信息，这些信息对于工程图绘制及图形显示都是十分重要的，并且易于同二维绘图软件衔接和同曲面造型软件联合应用，这是因为在有些情况下，曲面造型可用小平面模型来近似表达和描述。除此之外，这种方法便于通过人机交互方式对物体模型进行局部修改。但是有关物体生成的原始信息(如它是由哪些基本体素定义的，这些体素又是怎样拼合在一起的等)是边界表示法无法提供的。同时，该法描述的信息量大，并有信息冗余等问题。

2) 构造立体几何(Constructive Solid Geometry，CSG)法

CSG 法不是通过边界平面和边界线来定义实体，而是通过基本体素进行布尔运算来表示，所以该方法又称为体素构造法。这里要注意的是，一个物体可以通过不同的 CSG 结构来描述，如图 2.14 所示。

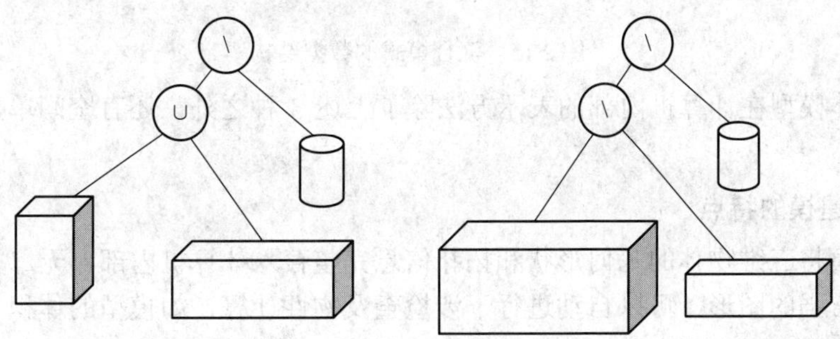

图 2.14　同一物体的两种 CSG 结构

与边界表示法相比，CSG 法构成的实体几何模型相对简单。对于同一形体，CSG 法的数据最大只有 B-Rep 法的约 1/10。CSG 法的数据结构大部分是二叉树结构，布尔运算的算法不同，二叉树的结构也不一样，树叶为基本体素或变换矩阵，结点为布尔运算，最上面的结点对应着实体模型。由于这种数据结构的特点，导致了它不可能存储最终物体的更详细的几何信息，这是一种隐式模型。如果需要，必须根据 CSG 结构进行推算。而这种推算是相当浪费时间的，因此，纯 CSG 模型几乎很少应用，取而代之的是混合模式，它是在 CSG 基础之上发展起来的。

3) 混合模式(Hybrid Model)

混合模式为 B-Rep 与 CSG 两种方法结合起来使用的方法。虽然目前还没有清楚的界限将混合模式与纯 B-Rep 法和纯 CSG 法区分开来，但后两种方法在 CAD/CAM 系统中却应用广泛。

综上所述，B-Rep 法侧重于面、边界，因此在图形处理上有明显的优势，尤其是探讨物体详细的几何信息时，边界表示法的数据模型可以较快地生成线框模型或曲面模型。CSG 法则强调过程，在整体形状定义方面精确、严格，然而不具备构成物体的各个面、边界、点的拓扑关系，其数据结构简单，无论是存储的数据量，还是程序量，CSG 法均比 B-Rep 法简洁。所以有人在 B-Rep 法和 CSG 法的基础之上提出了一个新的设想，即在原来 CSG 树的结点上再扩充一级边界数据结构(如图 2.15 所示)，以便达到实现快速显示图形的目的。因此，混合模式可以理解为是在 CSG 系统基础上的一种逻辑扩展。在这种混合模式中，起主导作用的数据结构仍是 CSG 的二叉树结构，所以边界表示法中有一些优点，如便于局部修改等，在混合模式中仍然无济于事，而 CSG 法的所有特点则完全被继承在这种混合模式中。

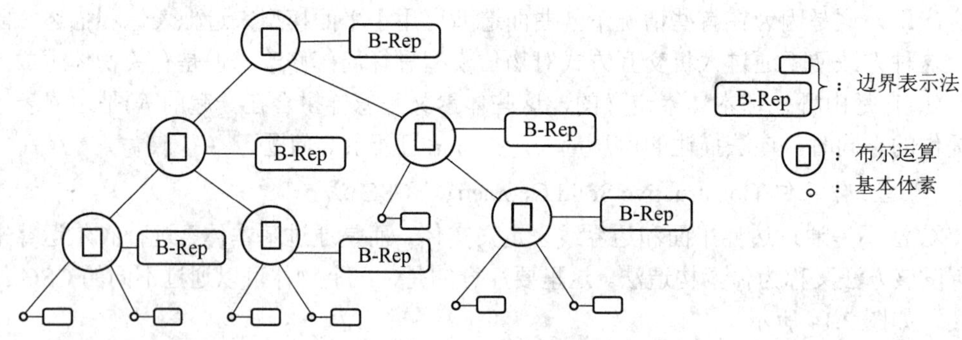

图 2.15　混合模式的数据结构

三维实体模型在计算机内部的表示方法除了上述 3 种之外，还有空间单元表示法和半空间法等。

3. 实体建模的特点

实体建模将三维物体的几何形状和拓扑信息完整存入计算机内部，无二义性，且能生成真实感非常强的图形，可以自动进行干涉检查及物性计算，如模型的体积、质量、转动惯量计算等，还可以进行有限元分析、数控编程等。实体模型成为了设计与制造自动化及 CAD/CAM 系统集成的基础。依靠实体内完整的几何与拓扑信息，从实现消隐、剖切、有限元网格划分，到数控加工 NC 刀具轨迹生成都能顺利实现，而且由于着色、光照及纹理处理等技术的运用，使得模型具有出色的可视性，在模拟、仿真、医学、动画、广告、计算机艺术等领域有广泛应用。

2.3.4　特征建模

特征建模(Feature Modeling)被誉为 CAD/CAM 技术发展史上新的里程碑，它的出现和发展为解决 CAD/CAM/CAPP 集成提供了一种新的理论基础和方法。

1. 特征建模的定义

特征是一个综合概念，它作为“产品开发过程中的各种信息载体”，一方面包含了实体的几何信息和拓扑信息，另一方面还包含了产品在设计与制造过程中的非几何信息，如材

料信息、尺寸信息、形位公差信息、热处理信息、表面粗糙度信息和刀具信息等。由于在造型过程中引入了特征的概念，因此可将具有一定形状的实体称为形状特征。结合实体的定义，将形状特征定义为具有一定拓扑关系的一组几何元素构成的形状实体，它对应着产品的一个或多个功能，并能被一定的加工方式所形成。在形状特征的基础上，进一步将特征的定义拓宽为“一组具有确定约束关系的几何实体”，它同时包含某种特定的语义信息。特征可表达为如下形式：

特征 = 形状特征 + 工程语义信息

其中，工程语义信息包括 3 类属性信息，即静态信息、规则和方法、特征关系。静态信息用来描述特征形状、位置属性数据；规则和方法用来确定特征功能和行为；特征关系用来描述特征之间相互约束关系。依据不同的应用功能，可以为特征赋予不同的语义信息。由于该种定义强调了特征的工程语义信息，既能表达设计人员的设计意图，又具有相应的制造加工信息，因此特征造型技术已成为 CAD/CAM 系统集成的核心技术。

2. 特征造型的框架

特征造型通常由形状特征、精度特征、材料特征等组成。特征造型的框架结构如图 2.16 所示。其中，形状特征、精度特征和材料特征分别对应各自的特征库，从中可获取特征描述信息。工程数据库就建立在这些特征库的基础上，系统与数据库之间可实现双向交流。造型后产品信息送入到工程数据库，并随着造型过程而不断修改，而造型过程中所需的参数则从相应的数据库中查询。

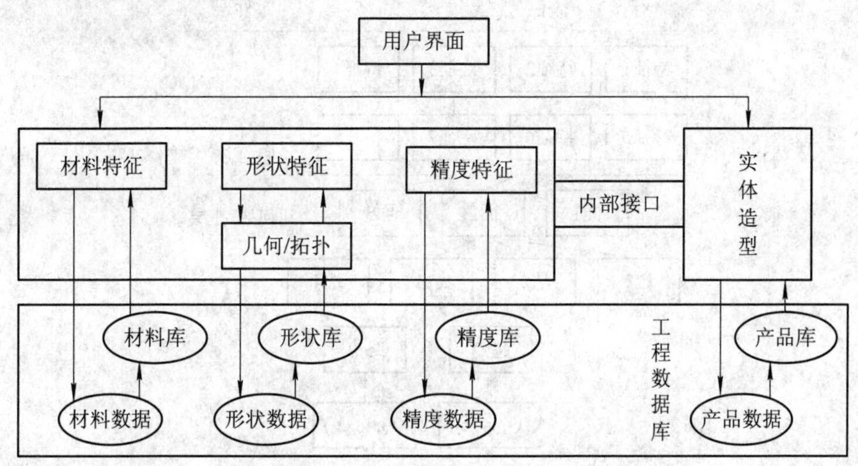

图 2.16　特征造型的框架结构

特征表达主要有两方面内容：一是表达几何形状的信息，二是表示属性或非几何信息。根据几何形状的信息和属性在数据结构中的关系，特征表达可分为集成表达和分离表达两种模式。前者是将属性信息与几何形状信息集成地表达在同一内部数据结构中，而后者是指将属性信息表达在与几何形状信息分离的外部结构中。

集成表达模式可以有效地避免分离模式中内部实体模型数据和外部数据的不一致和冗余；这是因为友好的用户界面可以同时对几何模型与非几何模型进行多种操作；可以方便地对多种抽象层次的数据进行存取，从而满足了不同应用的需要。但对集成表达模式，由于现有的实体模型不能很好地满足特征模型的要求，需要从头开始设计和实施全新的基于

特征的表达方案，工作量大，因此，也有不少系统采用分离表达模式。

几何形状信息的表达有隐式表达和显示表达之分。隐式表达是对特征生成过程的描述；显示表达是确定几何信息与拓扑信息的描述。如图 2.17 所示的圆柱体，显示表达用圆柱面、两底面和两条边界来描述；而隐式表达则用中心线、高度和圆柱直径来描述。

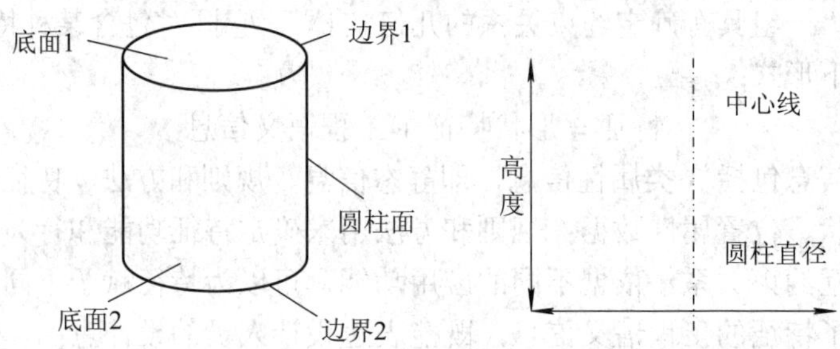

图 2.17　隐式与显示表达示意

几何信息多采用显示模式表达，以面为基础，通过关系表格记录几何要素的面、线、点等信息，为设计中几何数据的存储和使用提供方便。非几何信息多采用隐式表达模式，特征表达的数据结构如图 2.18 所示。

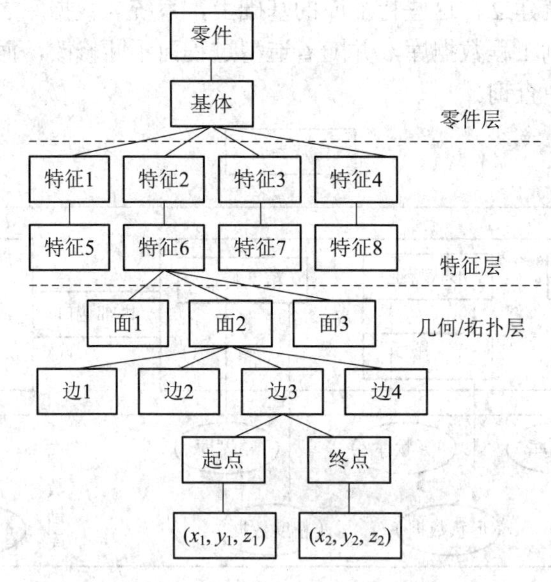

图 2.18　特征表达及数据结构

3. 特征建模的特点

(1) 特征造型使产品的设计工作不只是停留在底层的几何信息和拓扑信息上，而是建立在起点比较高的功能模型上。特征的引用不仅直接体现了设计意图，而且直接对应加工方法，这样，便于进行计算机辅助工艺规程的设计及组织生产。

(2) 特征建模是用计算机可以理解和处理的统一产品模型来代替传统的产品设计和成套施工图纸及技术文档，它使得产品设计与后续的各个环节并行展开，系统内部信息可以共享，实现了真正意义上的 CAD/CAPP/CAM 集成，且支持并行工程。

(3) 有利于实现产品设计、制造方法的标准化、系列化、规范化，使得产品在设计时

就考虑加工、制造要求，保证产品有较好的工艺性、可制造性，从而降低产品的成本。

2.4　装配设计技术

装配是整个机械制造过程的后期工作，将各种零部件经过正确的组织、定位以形成最终的产品。如何将零件装配成产品并达到所要求的设计装配精度，这是装配过程中所要解决的问题。

在 CIMS 环境下，计算机辅助装配技术不仅能够提供指导装配操作的技术文件，而且可为扩大 CAD/CAPP/CAM 的集成范围提供条件。另外，计算机辅助装配技术还能及时向产品设计的 CAD 系统反馈装配过程中的各种信息，便于用户详细地了解装配过程的每一个细节，满足并行工程的需要。CAD 系统提供的装配功能不仅能将零部件快速组合成产品，而且在装配中，可参照其他部件进行零部件关联设计，并可对装配模型进行间隙分析、质量管理等操作。装配模型生成后，可建立爆炸视图，并可将其引入到装配工程图中；同时，在装配工程图中可自动产生装配明细表。本节主要介绍一般 CAD 系统中基本装配造型的实现及使用方法。

2.4.1　装配模型

一个复杂产品可以看成由多个部件组成，每个部件又可根据复杂程度的不同继续划分为下一级的子部件，以此类推，直至零件。这就是对产品的一种层次描述，采用这种描述可以为产品的设计、制造和装配带来很大的方便。同样地，产品的计算机装配模型也可以表示成这种层次关系，如图 2.19 所示。

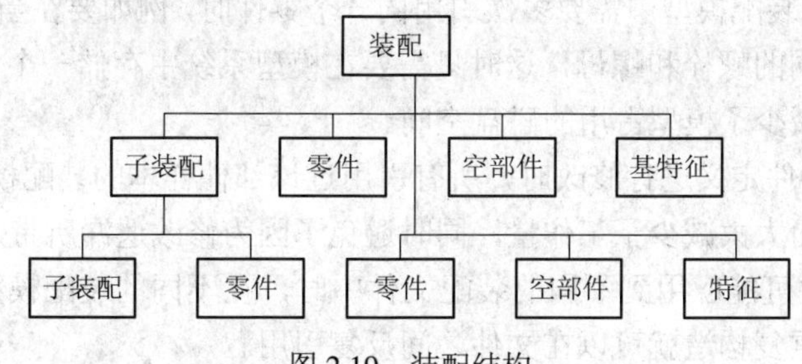

图 2.19　装配结构

1. 部件(Component)

组成装配的基本单元叫部件。一个装配是由一系列部件按照一定约束关系组合在一起的。部件是一个包封的概念，一个部件可以包含一个部件成为一个子装配，或者可以什么都不包含，也就是空部件。部件可以任意嵌套，部件既可以在当前的装配文件中创建也可以在外部装配模型文件中创建，然后引用到当前文件中来。

1) 根部件(Root component)

根部件是装配模型的最顶层结构，也是装配模型的图形文件名。当创建一个新装配模型文件时，根部件就自动产生，此后引入该图形文件的任何零件都会跟在该根部件之后。注意，根部件不是一个具体零部件，而是一个装配体的总称。

2) 基部件(Base component)

基部件是放到装配中的第一个部件，它和零件造型中的基本特征相似。基部件不能被删除或者禁止，不能被阵列，也不能变成附加部件。它是装配模型的最上层部件，其后引用的各个零部件在装配树中都要依次向后排列。基部件在装配模型中的自由度为零，无须施加任何装配约束(因为是第一个零件，也无法施加约束)。因此，在装配模型中，它是默认不动的。

2. 子装配(Subassembly)

子装配本身也是装配。子装配是由一系列零件装配而形成的附属于大装配体的一种较小的装配体。它是装配模型中逻辑上附属于上层体系的一种零件组。在更高一层的装配中，它将作为一个部件被装配。合理地将其使用于装配对于大型装配有重要意义。

3. 装配树(Assembly Tree)

所有的部件添加在基部件上面，形成一个树状的结构叫作装配树。整个装配建模的过程可以看成是这棵装配树的生长过程，即从树根开始，生长出一个一个的子树枝(部件)，每个子树枝再长出子树枝(子部件)，直至最后长叶子(零件)。这样，在一棵装配树中就记录了零部件之间的全部结构关系，以及零部件之间的装配约束关系。用户可以从装配树中选取装配部件，或者改变装配部件之间的关系。

4. 部件样本(Samples of Components)

在实际的设计中，一个零件有可能在装配模型中使用多次，这时可以对该零件制作多个拷贝，这样的拷贝被称为部件样本，习惯上把部件样本称为部件引用。

部件样本有以下重要性质：

(1) 当在同一个装配模型中需要多次引用同一个零件时，例如要在当前装配模型中的6个不同地方用到相同的螺栓和螺母，这时只需要在模型系统中存储一个该零件的图形文件即可，这样就大大减少了模型占用的磁盘空间。

(2) 当对某个零件定义进行修改时，所有引用过该部件样本的装配模型都会自动刷新，无须逐个修改，从而大大减少了工作量，同时避免了因为修改遗漏所带来的错误。

(3) 当某个零件可能应用到不同的装配文件中时，在不同的装配模型中可采用外部引用的方式，不需要重复构造就可以在文件之间反复引用。

2.4.2 装配约束

参数化的装配造型是根据实际的装配过程建立不同部件之间的相对位置关系。一般通过装配约束、装配尺寸和装配关系式等手段将部件组织到装配中。装配约束是最重要的装配参数，有些系统把约束和尺寸共同参与装配的操作也归入装配约束。

组件在装配过程中的定位有两种情况，即绝对定位和约束关系定位。前者是指按用户给定的位置来装配组件，与其他组件的位置没有关系。后者是根据设计意图，通过指定新增加组件与已有组件的位置约束关系定位。通过约束关系定位实际上就是限制组件在装配中的自由度。

1. 零件自由度分析

刚体零件的运动自由度(Degree of Freedom，DOF)描述了零件运动的灵活性，自由度越大，零件运动越灵活。三维空间中一个自由度有 6 个，即 3 个绕坐标轴的转动和 3 个沿坐标轴的移动，此时，该零件能够运动到空间的任何位置，如图 2.20(a)所示。但是，当给零件的运动施加一系列限制后，零件运动的自由度将减少。例如，规定该零件的下表面必须在 *xy* 面上，此时零件就只能在该平面内做平面运动，它的 DOF 就减少到 3 个，即 2 个移动(沿 *x*、*y* 轴)和 1 个转动(绕 *z* 轴)，如图 2.20(b)所示；如果规定该零件的一条棱边必须落在 *x* 轴上，下表面落在 *xy* 平面，那么它的 DOF 就减少到 1，它只能沿着 *x* 轴移动，如图 2.20(c)所示；如果继续规定该零件的一个侧面不能离开原点，那么零件就不能运动，其 DOF 等于 0，如图 2.20(d)所示，此时零件就完全固定在该坐标中了。由此可见，空间任意零件的自由度在 0～6 之间变化，当一个零件的自由度为 0 时，称之为完全定位。

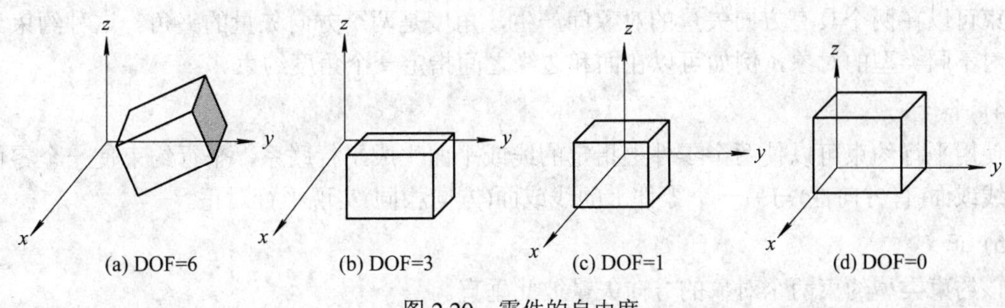

图 2.20 零件的自由度

2. 装配约束类型

在装配造型中经常使用的装配约束类型有下面几类。

1) 贴合

贴合约束(见图 2.21)是最常用的装配约束，它可以对所有类型的物体进行定位安装。使用贴合约束可以使一个零件上的点、线、面与另一个零件上的点、线、面贴合在一起。使用该装配类型时要求两个对象同类，例如，对于平面对象，它们共面且法线方向相反，如图 2.21(a)所示；对于圆锥面，要求角度相等，并对齐其轴线，如图 2.21(b)所示。

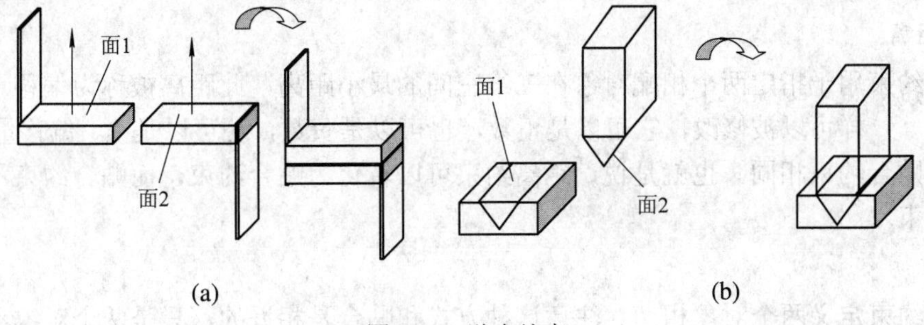

图 2.21 贴合约束

2) 对齐

使用对齐约束可以使两个零件产生共面或共线位置关系。当对齐平面对，使两个表面共面且法线方向相同，如图 2-22(a)所示；当对齐圆柱、圆锥和圆环等对称实体时，是使其轴线相一致，如图 2-22(b)所示；当对齐边缘和线时，是使两者共线。

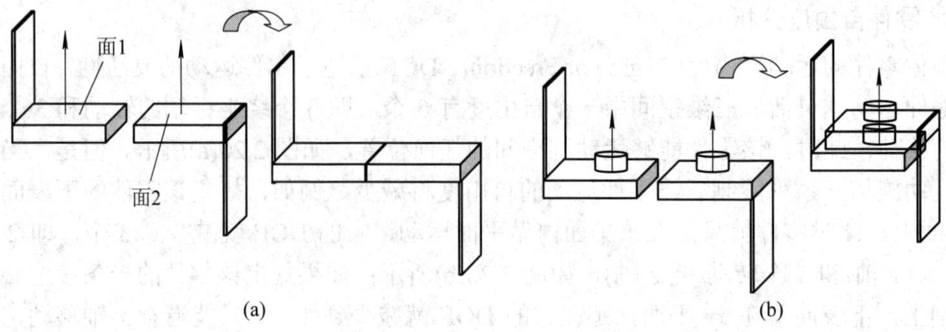

图 2.22　对齐约束

3) 角度

该装配约束型是在两个对象间定义角度尺寸，用于约束相配组件到正确的方位上。角度约束可以在两个具有方向矢量的对象间产生，角度是两个方向矢量的夹角。这种约束允许配对不同类型的对象，例如可以在面和边缘之间指定一个角度约束。

4) 平行

使用平行约束可以使两个零件上指定的线或平面生成平行联系，平行约束使一个零件上的线或面(有方向性)与另一个零件上的线或面(方向相同)实现平行对正。

5) 正交

该约束类型约束两个对象的方向矢量彼此垂直。

6) 中心

该约束类型约束两个对象的中心，使其中心对齐，如图 2.23 所示。

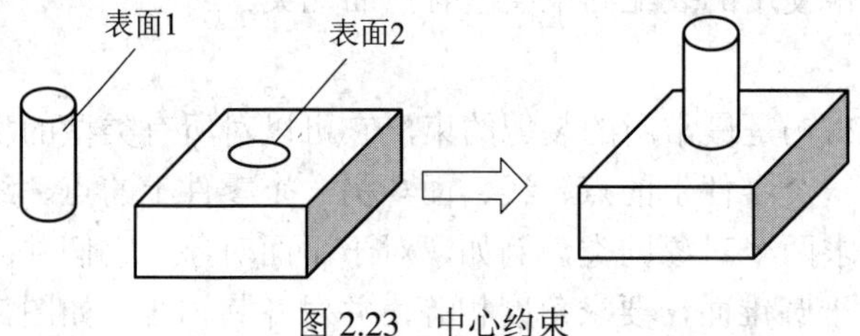

图 2.23　中心约束

7) 距离

距离约束用于指定两个相配对象在三维空间的最小距离，此距离被称为偏移量。偏移量如同尺寸一样可以被修改，它可以是正数，也可以是负数，还可以是 0。偏移量为 0 时该约束和贴合约束相同。也就是说，距离约束可以转化为贴合约束，而贴合约束不能转化为距离约束。

8) 相切

相切约束定义两个对象相切。注意这种方式和贴合是相近的，只是两个对象不要求完全一致重合，只要相切即可。

3. 装配约束规划

使用各种约束将会减少零件的自由度，每当在两个零件之间添加一个装配约束时，它们之间的一个或多个自由度就被消除了。例如，贴合约束中的共点约束去除了 3 个移动自

由度；共线约束去除 2 个移动和 2 个转动自由度；共面约束去除了 1 个移动和 2 个旋转自由度；对齐约束去除了 1 个移动和 2 个转动自由度等。

由装配约束的自由度分析可知，任意的单个约束形式都无法完全确定零件之间的关系。一般情况下，一个部件的定位往往需要添加几个约束，才能确定其位置。为了完全约束零件，必须采取不同的约束组合。

在添加约束的过程中，要注意以下问题：

(1) 优先使用平面约束；

(2) 优先使用实体表面的约束；

(3) 先后添加的约束不能矛盾；

(4) 对称的情况下尽量参考对称面。

在施加约束时，计算机会提供相应的提示。要避免出现过约束状态，即零件已经处于完全约束状态，仍然继续添加约束。CAD 系统一般不允许过约束状态，但是否要达到完全约束状态则要视具体情况而定。

2.4.3　装配建模

装配建模过程是建立零部件装配关系的过程。对数据库中已存的系列产品零件、标准件以及构件可通过装配操作加入到装配体中。

1. 零件设计

首先，构造装配体中的所有零件的特征实体模型。对较复杂的设计对象，建议根据功能或结构的不同特点，分多个文件进行零件模型的构造。对于一些通用的零部件，采用单独的文件保存，以便在不同场合下以外部文件引用方式进行调用。

2. 装配规划

装配规划是装配建模中最关键的内容之一，规划结果将直接影响装配模型的建立。装配规划的主要步骤如下：

(1) 为新的装配模型取名(即创建根部件)。

(2) 分析确定基部件。由于基部件自由度默认为零，因此，应该把产品中实际的基础零件作为基部件。

(3) 分析部件的引入顺序以及部件之间的约束方法。一般的装配体是由许多零部件组成的，因此，在确定部件的装配顺序时应注意以下方面：根据零件在机器中的物理装配关系建立零件之间的装配顺序；对于运动机构，按照运动的传递顺序建立装配关系；对于没有相对运动的零件，最好实现完全约束，要防止出现几何到位而实际上欠约束的不确定装配现象；按照零件之间的实际装配关系建立约束模型。

3. 考虑是否建立子装配体

对于复杂产品，建议采用按部件划分成多层次的装配方案，进行装配数据的组织和实施装配。特别是对一些变化很少的通用零部件，事先生成独立的子装配，然后采取外部引用的方式调进装配模型。当需要修改零部件时，可以打开相关子装配，在较小规模的数据文件中进行修改。

4. 全面考虑模型的参数化方案

为了建立一个灵活的、易于修改的、参数化的装配模型，除了考虑零件的参数方案之外，还应该考虑整个产品的参数化方案。

5. 装配操作

在上述准备工作的基础上，采用 CAD 系统提供的装配命令，逐一把零部件装配成装配模型。常用的装配操作有：

1) 添加

一般有两种添加方式，第一种是按绝对定位方式添加组件到装配，第二种是按装配约束方式添加组件到装配。绝对方式是在装配空间的绝对坐标系中指定一个点来安放部件，用户在以后可以添加约束条件。

2) 删除

从装配中删除部件。

3) 替换

用一个部件替换已添加到装配中的另一个部件。系统将保留原来零件的装配条件，并沿用到替换的零件上，使替换的零件与其他零件构成装配关系。

4) 抑制与解除抑制

抑制是在当前显示中移去部件，使其不执行装配操作。部件抑制后不在视区中显示，也不会在装配工程图和爆炸视图中显示。抑制部件不能进行干涉检查和间隙分析，不能进行质量计算，也不能在装配报告中查看有关信息。但这个操作可以节省时间和内存空间，对于大型装配比较有利。需要注意的是，抑制配件并不是删除部件，部件的数据仍然在装配中存在，只是不执行一些装配功能，可以用解除抑制操作来恢复部件原来的状态。

5) 重定位

重定位是重新指定一个部件的位置参考。

6) 阵列

部件阵列是一种在装配中用对应装配约束条件快速生成多个部件的方法。例如，要在法兰盘上装多个螺栓，可用装配约束条件先安装其中一个，其他螺栓的装配可采用部件阵列的方式，而不必去为每一个螺栓定义装配条件。

6. 装配分析

当完成产品的装配建模之后，可对该模型进行一些必要分析，以便了解设计质量，发现设计中的问题。主要的分析包括装配干涉分析和物性分析。

1) 装配干涉分析

装配干涉是指零部件之间在空间发生体积相互侵入的现象，这种现象将严重影响产品设计质量，因为相互干涉的零件之间会互相碰撞，无法正确安装，因此在设计阶段就必须发现这种设计缺陷，并予以排除。对于运动机构，碰撞现象更为复杂，因为装配模型中的构件在不断运动，构件的空间位置在不断发生变化，在变化的每一个位置都要保证构件之间不发生干涉现象。

2) 物性分析

物性是指部件或整个装配体的体积、质量、质心和惯性矩等物理属性。这些属性对设计具有重要的参考价值，但是依靠人工计算这些属性将非常困难，有了计算机装配模型，系统可以方便地计算零部件的物理属性供设计参考。

7. 装配管理和修改

CAD系统一般都提供了图形窗口来管理装配树。在装配中，每个部件显示为一个节点，使用装配图形窗口能清楚地表达装配关系，它提供了一种在装配中选择部件和操作部件的简单方法。因此，结合装配树和装配图形窗口，可以方便地对装配体的部件进行管理。

1) 查看装配零件的层次关系、装配结构和状态

由于装配树浏览器本身就是一种目录结构，因此可以像查看文件目录一样逐级了解装配体的部件及零件构成关系。

2) 查看装配件中各零件的状态

可以在装配树浏览器中观察到零件的特征树，以及零件之间的约束记录。

3) 选择、删除和编辑零部件

可以激活装配树中的零件，进行零件级的管理，例如删除、移动、复制和特征编辑。

4) 查看和删除零件的装配关系

对已经约束装配的零件，可以删除其约束。

5) 编辑装配关系中的有关数据

对已经约束装配的零件，可以改变其约束参数。

6) 显示零件自由度和零件物理属性

注意，在对装配造型中的部件进行编辑修改时，该部件的变化不仅仅会体现在本装配模型的变化，当修改的部件已经被定义为外部文件时，凡是引用了该部件的其他装配模型也会自动修改。但是，在装配模型中无法直接修改外部部件，而必须进入外部部件的定义文件中进行修改。

2.4.4 装配方法

常用的装配方法分为3种。

(1) 自底向上装配(Bottom-up Assembly)。从底层逐步向上装配，将每个零件加入到装配体中，这些零件已经设计完成，例如标准件、已存储的零件等。

(2) 自顶向下装配(Top-down Assembly)。这是一种从装配到零件的设计过程，即在顶层产生一个装配，建立装配结构，逐步向下添加或设计新的几何体，产生新的子装配或部件。

(3) 混合装配(Mixing Assembly)。根据装配设计的需要，也有将自顶向下装配和自底向上装配混合运用的装配方法。在混合装配的过程中，可在两种方法之间任意转换，因此混合装配的方法具有更大的灵活性。

下面主要介绍一下“自顶向下”的设计方法。

1. “自顶向下”设计方法的含义

在进行产品设计时，可采用“自底向上”和“自顶向下”两种设计方法。两种设计方

法各有所长，并各有其应用场合。例如，在开展系统化、标准化产品设计时，产品的零部件结构相对稳定，零件设计基础较好，大部分的零件模型已经具备，只需要补充部分设计或修改部分零件模型，这时，采用自底向上的设计方法就比较恰当。

而在产品创新设计中，事先零件结构细节不可能非常具体，设计时总是从比较抽象的装配模型开始，边设计边细化边修改，逐步求精，这时，就很难开展系统向上的设计，而必须采取“自顶向下”的设计方法。“自顶向下”的设计方法便于设计人员有效地把握产品整体的设计情况，一直着眼于零部件之间的关系，并且能够及时地发现、调整和修改设计中的问题。采取这种逐步求精的设计方法能实现设计的一次成功，提高设计效率和设计质量。

当然，两种方法不是截然分开的，完全可以根据实际情况综合应用这两种设计方法来开展产品设计，这就是所谓的混合设计方法。在实际设计中，混合设计方法有更大的灵活性和更大的应用范围。

2. “自顶向下”设计方法的实施步骤

采用“自顶向下”的设计方法，首先要进行总体设计，然后将总体原则贯穿到所有的子装配或者部件中。它具有以下优点：

(1) 在“自顶向下”设计中可以首先明确各个子装配或零件的空间位置和体积，设定全局性的关键参数，这些参数将被装配中的子装配和零件所引用，当总体参数在随后的设计中逐步确定发生改变时，各个零件和子装配将随之改变，这样更能发挥参数化设计的优越性。

(2) 在“自顶向下”的设计中使得各个装配部件之间的关系更加密切，例如轴与孔的配合。

(3) 在“自顶向下”的设计中有利于设计人员共同参与设计，在设计总体方案确定以后，所有承担设计任务的小组和个人就可以依据总装设计迅速开展工作，可以大大加快设计进程，做到高效、快捷和方便。

3. “自顶向下”设计方法的具体过程

1) 确定设计要求

产品的设计要求，如产品的设计目的、产品的功能要求、必要的子部件、哪些设计可能变动、有无可参考的设计等，必须在设计前确定下来。这些要求一般会在设计指导书中说明。

2) 定义大致的装配结构

这一步要把装配的各个子装配勾画出来，至少包括子装配的名称，形成装配树。每个部件可能来自一个已有的设计，或者仅仅包括定位基准面，甚至可以是一空部件，以便在随后的设计过程中逐步进行细化。这些结构是产品总设计师设计并维护的，其结果将公布给所有参加设计的人员。

3) 设计骨架模型

每个子装配都有一个骨架模型，用来在三维设计空间中确定部件的空间位置和大小、部件与部件之间的关系以及简单的机构运动模型等。骨架模型包含整个部件的重要的设计参数，这些参数可以被各个子部件引用，所以骨架模型是进行“自顶向下”设计的核心。

4) 部件级设计与装配

当获得所需要的设计信息以后，就可以着手具体的部件设计了。部件设计可以在装配环境中直接进行，采取由粗到精的策略，首先设计零部件的轮廓，暂时不考虑细节，也可以装配已经预先完成的零部件。

5) 零件级设计

在装配环境中采取特征造型的方法细化零件结构，修改零件尺寸。此时应注意零件级的参数化方案与全局参数化方案的协调关系。随着零件级设计的深入，可以继续在零部件之间补充和完善装配约束。

6) 生成工程图

设计结束后，可以直接生成爆炸图、二维装配工程图及零件材料表。注意，以上第 4)步和第 5)步的设计工作是一个不断反复、不断细化的过程。用户需随时对装配模型进行分析，以便及时发现问题，及时修改设计。

2.5 CAPP 技术

2.5.1 CAPP 的定义及简介

计算机辅助工艺规划(Computer Aided Process Planning，CAPP)是指借助于计算机软硬件技术和支撑环境，利用计算机进行数值计算、逻辑判断和推理等来制定零件机械加工工艺过程。借助于 CAPP 系统，可以解决手工工艺设计效率低、一致性差、质量不稳定、不易达到优化等问题。CAPP 是将产品设计信息转换为各种加工制造、管理信息的关键环节，是企业信息化建设中联系设计和生产的纽带，同时也为企业管理部门提供相关的数据，是企业信息交换的中间环节。

CAPP 是利用计算机进行零件加工工艺过程的制订，最终要把毛坯加工成工程图纸上所要求的零件。它是通过向计算机输入被加工零件的几何信息(形状、尺寸等)和工艺信息(材料、热处理、批量等)，由计算机自动输出零件的工艺路线和工序内容等工艺文件的过程。计算机辅助工艺过程设计也常被译为计算机辅助工艺规划。国际生产工程研究会(CIRP)提出了计算机辅助规划(Computer Aided Planning，CAP)、计算机辅助工艺规划(Computer Automated Process Planning，CAPP)等名称，CAPP 一词强调了工艺过程自动设计。实际上国外常用的，如制造规划(Manufacturing Planning)、材料处理(Material Processing)、工艺工程(Process Engineering)以及加工路线安排(Machine Routing)等在很大程度上都是指工艺过程设计。计算机辅助工艺规划属于工程分析与设计范畴，是重要的生产准备工作之一。由于计算机集成制造系统(Computer Integrated Manufacturing System，CIMS)的出现，计算机辅助工艺规划上与计算机辅助设计(Computer Aided Design，CAD)相接，下与计算机辅助制造(Computer Aided Manufacturing，CAM)相连，是连接设计与制造之间的桥梁，设计信息只能通过工艺设计才能生成制造信息，设计只能通过工艺设计才能与制造实现功能和信息的集成，如图 2.24 所示。由此可见 CAPP 在实现生产自动化中的重要地位。

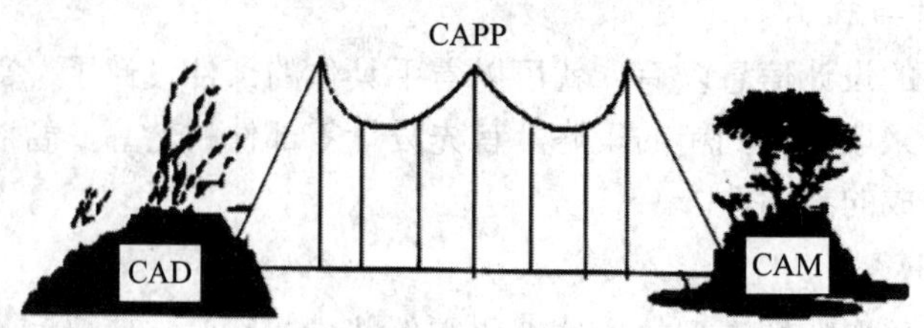

图 2.24　CAPP 与 CAD、CAM 关系示意图

市场上常见 CAPP 系统有以下 3 种。

1. 开目 CAPP

开目 CAPP 可以提供完备的系统工具，企业可以自定义、自扩充相关内容，以充分满足工艺个性化需求。CAPP 支持文件、数据库等多种工艺信息存储形式，可提供 XML 国际通用标准格式，支持基于 WEB 的应用；提出并实现了基于知识的工艺设计思想，可提供独特的工艺参数化设计模块，通过可视化的工艺知识建库工具，总结企业工艺知识和经验，可显著提高工艺设计的效率和水平。与各种主流 CAD、PDM、ERP 软件一样，开目 CAPP 在开发过程中，坚持了集成化、工具化、网络化的指导思想，向企业推荐和引入工艺设计和工艺管理规范国家标准。使用开目 CAPP 系统，能提高工艺管理的效率和水平，降低工艺设计和管理的工作量，确保工艺文件的完整性、一致性、正确性，目前已经形成国内 CAPP 应用的行业标准。开目 CAPP 具有以下功能模块：

(1) 表格定义模块；

(2) 制造资源管理模块；

(3) 工艺规程编制模块；

(4) 工艺规程管理模块；

(5) 公式管理器模块；

(6) 工艺文件浏览模块；

(7) BOM 输出模块(开目 BOM)；

(8) 打印中心模块。

2. CAPPWorks

CAPPWorks 直接和上游 CAD 软件关联，面向产品三维模型进行零件工艺设计、装配工艺设计；运用产品三维设计模型建立工序模型，并自动生成每道工序的工艺附图；加工尺寸及公差是直接面向产品三维设计模型进行选择，同时还可以根据工艺要求进行必要修改，这些加工尺寸及公差会驱动工艺模型，并自动带入到工序卡片上。对于数控加工，则可以直接从工艺模型上获取需要加工编程的毛坯及成品。

3. 金叶 CAPP

金叶 CAPP 可以满足企业对工艺经验知识、工艺规范、制造资源等不断积累、优化、共享应用的需求，提高工艺的标准化、规范化程度，提高工艺设计与工艺管理的质量和效率；通过集成共享 PDM(产品数据管理)/CAD 系统的产品数据(如 BOM(物料清单)、产品设计模型)，基于 EBOM(设计物料清单)可构建 PBOM(计划物料清单)/MBOM(制造物料清单)，围绕 PBOM 可组织、管理、配置产品工艺信息，从而满足企业系列化产品和批次组织生产的快速工艺设计需求；利用企业工艺资源信息，根据产品的零件结构、工艺特点，通过快速检索应用工艺资源，可以生成零件装配、机械加工、钣金、冶金等工艺信息（如材料定额、工艺路线、工艺指令、工时定额、工装订货和制造资源等），并实现参数化设计和基于知识的决策模式；可以提供结构化工艺信息管理，为产品制造过程中的技术管理、生产准备和生产制造等方面提供工艺信息，从而实现数据源和信息共享的目标；通过集成通用仿真平台，基于二维、三维图形技术可实现关键工艺、复杂工艺和装配工艺的全景仿真，提高工艺设计质量，提升工艺设计能力。

2.5.2　CAPP 的发展历史与趋势

1. 发展简史

CAPP 的开发、研制是从 20 世纪 60 年代末开始的，在制造自动化领域，CAPP 的发展较 CAD 与 CAM 晚。世界上最早研究 CAPP 的国家是挪威，始于 1969 年，并于 1969 年正式推出世界上第一个 CAPP 系统 AUTOPROS。1973 年正式推出商品化的 AUTOPROS 系统。在 CAPP 发展史上具有里程碑意义的是 1976 年推出的 CAM-IS Automated Process Planning 系统，取其字首的第一个字母，称为 CAPP 系统。目前对 CAPP 这个缩写法虽然还有不同的解释，但把 CAPP 称为计算机辅助工艺规划已经成为公认的释义。

CAPP 领域发展过程中经历了交互型、派生型、创成型、综合型、智能型等不同发展阶段，并涌现了一大批 CAPP 原型系统和商品化 CAPP 系统。在 CAPP 工具系统出现以前，CAPP 的目标一直是开发代替工艺人员的自动化系统，而不是辅助系统，即强调工艺设计的自动化和智能化。但由于工艺设计领域的个性化、复杂性，工艺设计理论多是一些指导性原则、经验和技巧，因此让计算机完全替代工艺人员进行工艺设计的愿望是良好的，但研究和实践证明非常困难，能够部分得到应用的至多是一些针对特定行业、特定企业甚至是特定零件的专用 CAPP 系统，还没有能够真正大规模推广应用的实用 CAPP 系统。

在总结以往经验教训的基础上，国内软件公司提出了 CAPP 工具化的思想，该思想认为 CAPP 是将工艺人员从许多工艺设计工作中解脱出来的一种工具。自动化不是 CAPP 唯一的目标，实现 CAPP 系统以人为本的宜人化操作、高效的工艺编制手段、工艺信息自动统计汇总、与 CAD/ERP/PDM 系统的信息集成、具有良好开放性与集成性是工具化 CAPP 系统研究和推广应用的主要目标。

工具化 CAPP 的思想在商业上获得了极大成功，使得 CAPP 真正从实验室走向了市场和企业。借助于工具化 CAPP 系统，上千家企业实现了工艺设计效率提升，促进了工艺标准化建设，实现了与企业其他应用系统 CAD/CAM 等的集成，有力地促进了企业制造信息化建设。

2. 发展趋势

纵观 CAPP 发展的历程，可以看到 CAPP 的研究和应用始终围绕着两方面的需要而展开：一是不断完善自身在应用中出现的不足；二是不断满足新的技术、制造模式对其提出的新要求。因此，未来 CAPP 的发展，将在应用范围、应用深度和水平等方面进行拓展，主要表现为以下发展趋势：

1) 面向产品全生命周期的 CAPP 系统

CAPP 的数据是产品数据的重要组成部分，CAPP 与 PDM/PLM 的集成是关键。基于

PDM/PLM，支持产品全生命周期的 CAPP 系统将是重要发展方向。

2) 基于知识的 CAPP 系统

CAPP 已经很好地解决了工艺设计效率和标准化问题，下一步如何有效地总结、沉淀企业工艺设计知识，提高 CAPP 知识水平，将会是 CAPP 应用和发展的重要方向。

3) 基于三维 CAD 的 CAPP 系统

随着企业三维 CAD 普及应用，工艺如何支持基于三维 CAD 的应用，特别是基于三维 CAD 装配工艺设计正成为企业需求热点。科技部早在“十五”863 现代集成制造系统技术主题中，将“基于三维 CAD 的 CAPP”专门立项研究和推广。可以预见，基于三维 CAD 的 CAPP 系统将成为研究热点。国内开目、金叶等几家软件公司正在进行研究，并且开目公司已经推出了原型应用系统。

4) 基于平台技术、可重构式的 CAPP 系统

开放性是衡量 CAPP 的一个重要的因素。工艺的个性很强，同时企业的工艺需求可能会有变化，CAPP 必须能够持续满足客户个性化和变化的需求。基于平台技术、具有二次开发功能、可重构的 CAPP 系统将是重要发展方向。

2.5.3 CAPP 的主要研究内容

1. 毛坯的选择及毛坯图的生成

根据零件尺寸、形状、技术要求、生产批量、企业设备、生产能效等选择铸件、锻件、棒料及型材等原始毛坯件，根据工序余量绘制毛坯图。

2. 定位夹紧方案的选择

选择零件加工时的定位基准(粗基准、精基准)，确定夹紧方案。

3. 表面加工方法的选择

从零件尺寸、形状、精度等角度，结合企业实际加工设备负载情况，确定各表面加工方法。

4. 加工顺序的安排

根据加工顺序安排原则，合理安排加工顺序。在安排加工顺序时一般应遵循以下原则：

1) 先基准面后其他

应首先安排被选作精基准的表面加工，再以加工出的精基准为定位基准，安排其他表面的加工。

2) 先粗后精

这是指先安排各表面粗加工，后安排精加工。

3) 先主后次

主要表面一般指零件上的设计基准面和重要工作面。这些表面是决定零件质量的主要因素，对其进行加工是工艺过程的主要内容，因而在确定加工顺序时，要首先考虑加工主要表面的工序安排，以保证主要表面加工精度。在安排好主要表面加工顺序后，常常从加工方便与经济角度出发，安排次要表面加工。

4) 先面后孔

这主要是指箱体和支架类零件的加工而言。一般这类零件上既有平面，又有孔或孔系，这时应先将平面(通常是装配基准)加工出来，再以平面为基准加工孔或孔系。此外，在毛坯面上钻孔或镗孔，容易使钻头引偏或打刀。此时也应先加工面，再加工孔，以避免上述情况发生。

5. 通用机床与工装的选择

从制造资源中(如机床库、刀具库、夹具库、量具库和辅具库等)选择各工序所需设备和工装。

6. 工艺参数计算

根据不同加工方式的工艺参数计算原则，得到切削用量、加工余量和时间定额等一系列工艺参数。

7. 工艺文件输出

编制工艺过程卡、工序卡、调整卡、检验卡等，汇总材料定额、时间定额、设备和工装信息，输入到 ERP。

2.5.4 CAPP 的类型

计算机辅助工艺过程设计系统按其工作原理可分为交互型、派生型、创成型、综合型和智能型等。

1. 交互型 CAPP 系统

交互型 CAPP 系统是指按照不同类型零件加工工艺设计需求，编制一个人机交互软件系统。工艺人员在系统提示引导下，回答工艺设计过程中的问题，对工艺过程进行决策及输入相应内容，形成所需的工艺规程。该型系统对人依赖性很大，要求较高，设计结果因人而异，一致性较差，系统较简单，工艺决策由操作者完成。

2. 派生型 CAPP 系统

派生型 CAPP 系统利用成组技术(Group Technology，GT)原理将零件按结构和工艺的相似性进行分类、归族，每族设计一个主样件，建成主样件典型工艺规程。设计新零件工艺规程时，根据其成组编码，确定所属族，检索相应典型工艺，加以增删或编辑而派生成新的工艺过程，如图 2.25 所示。

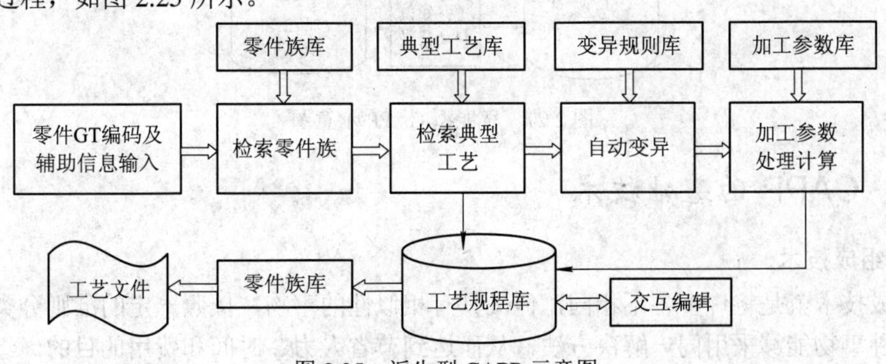

图 2.25　派生型 CAPP 示意图

3. 创成型 CAPP 系统

创成型工艺过程设计系统和派生型系统不同，它是根据输入的零件信息，依靠系统中的工程数据和决策方法自动生成零件的工艺过程。根据零件信息，自动提取制造知识，产生零件的各工序和工部，自动完成机床、工装选择和加工过程最优化，通过应用决策逻辑，可以模拟工艺设计人员的决策过程，如图 2.26 所示。

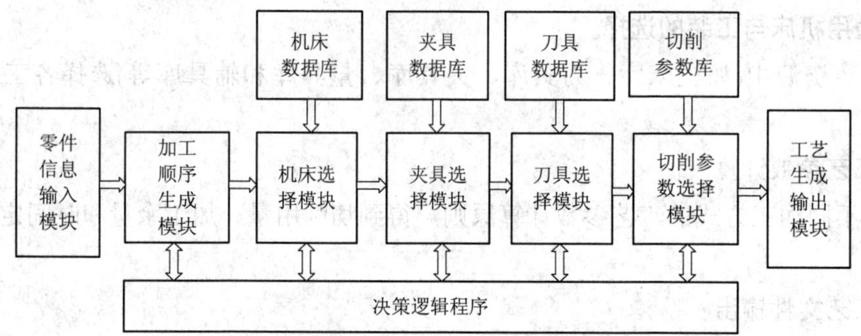

图 2.26　创成型 CAPP 示意图

4. 综合型 CAPP 系统

综合型 CAPP 系统将创成型和派生型两系统结合，工艺路线设计采用派生型 CAPP 系统，工序设计采用创成型 CAPP 系统。

5. 智能型 CAPP 系统

智能型 CAPP 系统是指将人工智能技术应用在 CAPP 系统中来完成工艺过程设计。创成型 CAPP 以逻辑算法结合决策表为特征，智能型 CAPP 以知识库结合推理机为特征(如图 2.27 所示)。

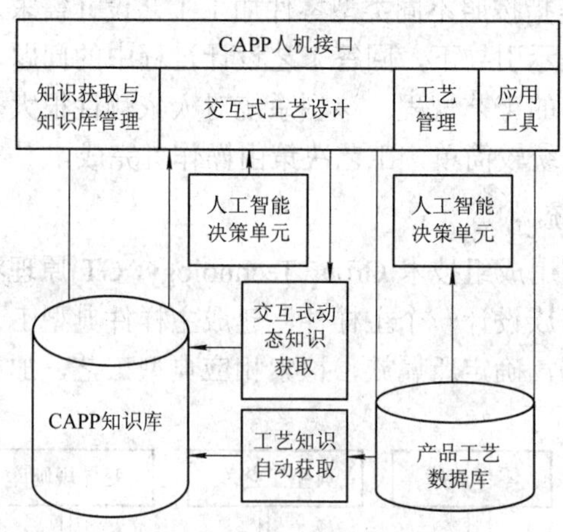

图 2.27　智能型 CAPP 示意图

2.5.5　CAPP 的基础技术

1. 组成技术

组成技术就是将许多各不相同，但又具有相似性的事物，按照一定的准则分类成组，使若干种事物能够采用同一解决方法，从而达到节省人力、时间和费用的目的。组成技术

的普遍原理可以适用于各个领域，当在机械制造系统领域拟研究与应用成组技术时，组成技术可定义为：将企业生产的多种产品、部件和零件，按照一定相似性准则分类成组，并以这种分组为基础组织生产的全过程，从而实现产品设计、制造和生产管理的合理化和高效化。

2. 零件信息描述技术

零件信息描述与输入是 CAPP 第一步，其技术难度大，工作量大，是影响整个工艺设计规程设计效率的主要因素。

零件信息描述与产品设计中的产品建模不同，产品建模技术是从设计角度来描述零件，侧重于零件功能、性能和外观等，而零件信息描述是从工艺角度获取零件加工所需相关信息。零件信息描述的方法有分类法、型面法和形体法等，如图 2.28 所示。

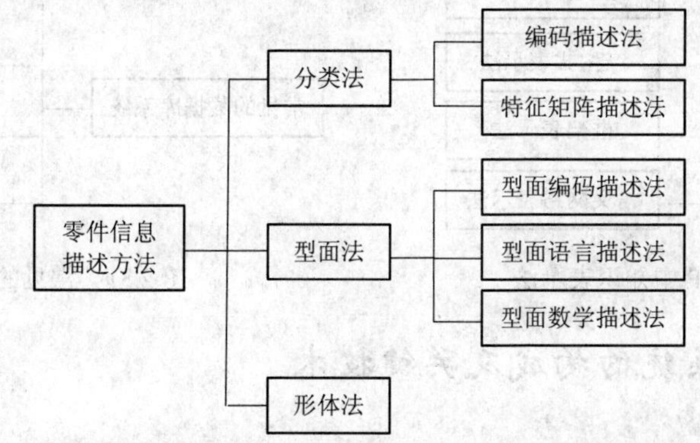

图 2.28　CAPP 系统中零件信息描述方法

3. 工艺设计决策机制

工艺设计决策过程是一项复杂的多层次、多任务的决策过程，涉及面广，影响工艺决策因素很多，难度较大。工艺设计决策可分为数学模型决策、逻辑推理决策和智能思维决策等，如图 2.29 所示。

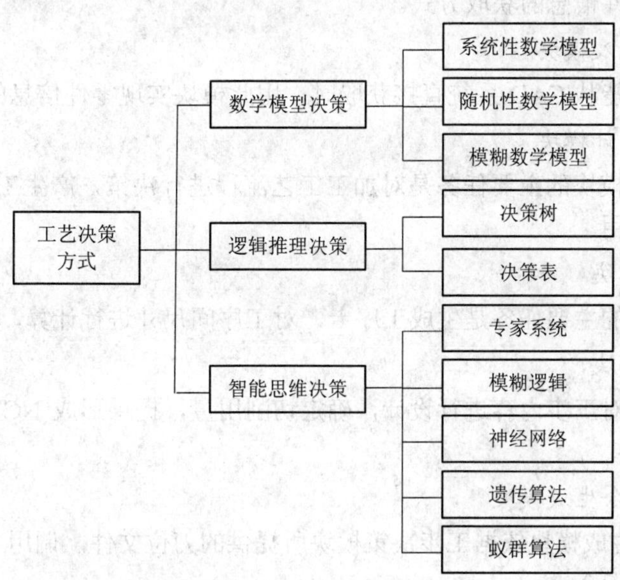

图 2.29　CAPP 工艺决策机制

4. 工艺知识的获取及表示

知识是人类智能的基础，是人类在长期生产、生活及科学研究中积累的对客观世界的认识和经验总结。CAPP 中知识的常用表示方法有一阶谓词表示法、产生式表示法、框架表示法和语义网络表示法等，如图 2.30 所示。

5. 工艺数据库

工艺数据库是指在工艺过程中所使用及产生的数据。把数据库技术应用于 CAPP 资源管理中，包括机床库、夹具库、刀具库、量具库、切削参数库和材料库等，目前常见的数据库系统如图 2.31 所示。

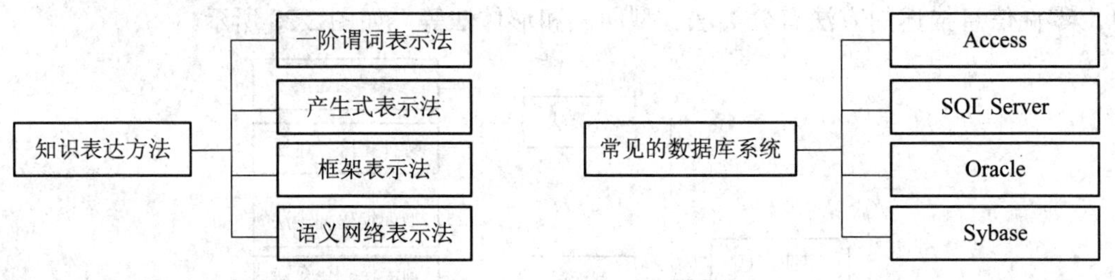

图 2.30　CAPP 中知识表示法　　图 2.31　常见的数据库系统

2.5.6 CAPP 系统的构成及关键技术

1. 系统构成

CAPP 系统的构成，视其工作原理、产品对象、规模大小不同而有较大的差异。CAPP 系统基本构成模块包括：

1) 控制模块

控制模块的主要任务是协调各模块之间运行，是人机交互的窗口，用于实现人机之间信息交流，控制零件信息的获取方式。

2) 零件信息输入模块

当零件信息不能从 CAD 系统直接获取时，用此模块实现零件信息的输入。

3) 工艺过程设计模块

工艺过程设计模块的主要任务是对加工工艺流程进行决策，产生工艺过程卡，供加工及生产管理部门使用。

4) 工序决策模块

工序决策模块的主要任务是生成工序卡，对工序间尺寸进行计算，生成工序图。

5) 工步决策模块

工步决策模块对工步内容进行设计，确定切削用量，提供形成 NC 加工控制指令所需的刀位文件。

6) NC 加工指令生成模块

NC 加工指令生成模块依据工步决策模块所提供的刀位文件，调用 NC 指令代码系统，产生 NC 加工控制指令。

7) 输出模块

输出模块可输出工艺流程卡、工序卡、工步卡、工序图及其他文档，输出亦可从现有工艺文件库中调出各类工艺文件，利用编辑工具对现有工艺文件进行修改以得到所需的工艺文件。

8) 加工过程动态仿真

加工过程动态仿真用于对所产生的加工过程进行模拟，检查工艺的正确性。

2. 关键技术

针对当前 CAPP 系统所存在的问题，如 CAPP 系统在智能性、实用性、通用性、集成性和柔性等方面的不足之处，必须对以下关键技术作进一步研究，以提高 CAPP 的应用水平和效果。

1) 零件的分类编码方法

实现 CAPP 系统的关键技术之一是建立完善的零件分类编码系统。建立零件分类编码系统时，首先要提取每个零件的设计特征和制造特征，然后将零件的这些特征通过编码来识别。一般情况下，零件的特征越多，描述这些特征的编码也越复杂。常用的零件分类编码系统可以分为 3 种类型：以零件设计特征为基础的编码系统；以零件制造特征为基础的编码系统；以零件的设计和制造特征为基础的编码系统。

2) 工艺设计相关技术

常用的工艺设计相关技术有：相似工艺自动检索技术、参数化工艺设计技术、模块化工艺设计技术等。

(1) 采用相似工艺自动检索技术，可以大大提高企业对成熟工艺的有效利用，提高企业工艺编制的效率和质量，同时也可以减少工艺编制人员的重复性工作，减少人力成本。

(2) 参数化工艺设计技术是一种快捷有效的工艺设计模式。首先需要建立完善的典型工艺数据库，每种零件对应一种典型工艺，只需要将对应的典型工艺数据库里面的参数进行修改，就可以自动形成高质量的工艺文件。

(3) 模块化工艺设计技术的核心思想是将制造工艺过程分解为一系列规范化的操作和规则，这些规范化的操作和规则组成不同的模块，每个模块里面的操作参数可以针对不同产品进行设计更改，针对特定零件的制造工艺可以利用参数化设计技术、专家系统技术实现不同模块化的组合。

3) 集成环境下的工艺数据管理技术

传统的 CAPP 系统工艺数据管理技术一般采用文件形式对工艺数据进行保存，对工艺数据的管理要求不高。但是，随着大量制造企业信息化水平的不断提高，大部分 CAPP 系统是在网络化环境下实施应用的，因此，大量的工艺数据是在网络环境下处理和共享以及存储的，传统的基于文件保存工艺数据的方式已经不适应网络化和集成化的环境，这就需要深入研究网络化集成环境下的工艺数据管理技术。总之，CAPP 系统中工艺数据管理的目的是要保证工艺数据的一致性、有效性和完整性，以实现 CAPP 与 CIMS 其他子系统的信息集成和信息共享。

4) 工艺知识库的建立技术

工艺知识库的建立和有效管理是 CAPP 系统成功运行的重要环节。建立工艺知识库时

应解决以下几个关键问题：共享性、完善性、柔性和安全性。在建立知识库前，首先要做大量的调研和分析，在此基础上，再从零散的资料中找出规律，建立起标准统一的知识库，使之能应用于各种生产条件下的各种类型零件，并不断地对知识库进行完善，以适应用户不断变化的需求。在知识库管理过程中，将那些可以不断被修改和扩充的知识与程序分离存储，称为外部知识库；将那些用户不能随意修改和扩充的知识固化在程序中，称为内部知识库。内部知识库和外部知识库的具体界定则是需要进一步研究的内容。

2.5.7 CAPP应用深化解决方案

根据CAPP在工业中的实际作用，欲深化其实践应用，必须通过以下方案解决。

1．基于知识的CAPP系统——参数化工艺设计平台

基于知识的CAPP系统，解决了企业工艺知识的积累、优化问题，极大地提高了工艺设计的效率和水平，确保了工艺设计的质量。基于知识的CAPP系统，在上海锅炉厂有限公司得到了成功的应用。

2．基于三维CAD的加工工艺设计系统

提供基于三维CAD的加工工艺设计工具，可以基于3D模型定义加工工艺特征(孔、外圆、键槽、中心孔等)，自动获取加工特征信息，可以基于特征加工知识进行辅助工艺决策，可以建立3D工艺装备库(机床、卡盘、顶尖、定位销、支撑钉等)，可以生成3D工序简图，实现可视化的工艺装夹规划等。

3．基于三维CAD的可视化装配工艺设计

提供可视化的装配工艺设计工具，可以自动获取三维装配结构信息；可以可视化地指定零部件的装配路径和先后顺序；可以生成三维装配工序爆炸图；装配工序设计时，可以指定装配工装、工具信息；可以进行装配过程的实体仿真。仿真过程可以指定为整个装配过程或某一道工序的装配过程。

4．工艺执行系统

工艺执行系统是CAPP深化应用的重要内容，是充分利用和提升CAPP数据的重要途径和方法，拓展了CAPP应用的广度和深度。工艺执行系统主要包括3个方面的内容：工艺执行规划和管理、工艺执行质量管理和工艺执行过程管理。

5．基于平台技术、可重构的CAPP系统

基于IDE(集成开发平台)和IDP(集成数据库平台)，可以实现CAPP各种层次的二次开发功能，充分满足工艺个性化需求，适应企业发展变化的需求。借助于平台技术，可以自定义界面，可加入任何标准的Windows控件，用户可编写C++或VB格式的脚本程序等。可以在CAPP平台上，开发专用的CAPP系统。通过平台技术，已经开发了专用的锻件CAPP系统。

第 3 章　冲裁基础及冲裁模 CAD 系统

冲裁工艺属于冲压工艺中的分离工序，包括落料、冲孔、剪切、切口和剖切等工序。冲裁模设计包括冲裁工艺分析计算和模具结构设计两大部分。冲裁工艺分析计算包括冲裁工艺性判别、毛坯排样、工艺方案选择、工序设计、压力与压力中心计算、压力机选择等；模具结构设计包括凸凹模刃口尺寸计算、结构形式选择、总装设计与零件设计等。

3.1　冲压工艺及冲压模的分类

3.1.1　冲压工艺

1. 冲压工艺的类别

冲压加工是金属塑性加工的基本方法之一，它通过冲压机床经安装在其上的模具施加压力于板料或带料毛坯上，使毛坯全体或局部发生塑性变形，从而获得所需的零件形状。目前，冲压加工主要用于制造金属薄板零件，包括黑色金属板零件和有色金属板零件，有时也用于加工部分非金属板零件。

根据材料的变形特点，冲压加工的基本工序可以分为分离和成型两类。分离工序是使板料上工件部分的材料与其他部分分开，并获得一定断面质量的加工工序；而成型工序则是在毛坯材料不被破坏的条件下使其产生塑性变形，以获得所需工件形状和尺寸精度的加工工序。每一类工序根据其分离或变形特点的不同，还可进一步细分为不同的工序，见表 3.1。表 3.1 简要说明了每一种冲压工序的特点、可加工形状及所采用的模具结构简图。

表 3.1　冲压工序的分类及模具结构

类别	工序名称	工序图例	工序特点及应用范围	模具简图
分离工序	落料	工件 废料	用模具沿封闭线冲切板料，冲下的部分为工件，其余部分为废料	
	冲孔	废料 工件	用模具沿封闭线冲切板材，冲下的部分是废料	

续表一

类别	工序名称	工序图例	工序特点及应用范围	模具简图
分离工序	剪切		用剪刀或模具切断板材，切断线不封闭	
	切口		用模具将板料冲切成部分分离，切口部分发生弯曲	
	切边		将拉深或成型后的半成品边缘部分的多余材料切掉	
	剖切		将半成品切开成两个或几个工件，常用于成双冲压	
成型工序	弯曲		用模具使材料弯曲成一定形状	
	卷圆		将板料端部卷圆	
	扭曲		将平板毛坯的一部分相对于另一部分扭转一个角度	
	拉深		将板料毛坯压制成空心工件，壁厚基本不变	
	变薄拉深		用减小壁厚、增加工件高度的方法来改变空心件的尺寸，得到要求的底厚、壁薄的工件	

续表二

类别	工序名称		工序图例	工序特点及应用范围	模具简图
成型工序	翻边	孔的翻边		将板料或工件上有孔的边缘翻成竖立边缘	
		外缘翻边		将工件的外缘翻起圆弧或曲线状的竖立边缘	
	缩口			将空心件的口部缩小	
	扩口			将空心件的口部扩大，常用于管子	
	起伏			在板料或工件上压出肋条、花纹或文字，在起伏处的整个厚度上都有变薄	
	卷边			将空心件的边缘卷成一定的形状	
	胀形			使空心件(或管料)的一部分沿径向扩张，呈凸肚形	
	整形			把形状不太准确的工件校正成型	

续表三

类别	工序名称	工序图例	工序特点及应用范围	模具简图
成型工序	校平		将毛坯或工件不平的面或弯曲部分予以压平	
	压印		改变工件厚度，在表面上压出文字或花纹	
	冷挤压		对模腔内的材料施加压力，使材料从凹模孔内或凸、凹模间隙挤出	
	顶镦		用顶镦模使金属体积重新分布及转移，以得到头部比(坯件)杆部粗大的制件	

2. 冲压对冲压材料的要求

冲压用板料的表面和内在性能对冲压成品的质量影响很大。对于冲压材料的要求是：

(1) 厚度精确、均匀，具有一定的厚度。冲压用模具精密、间隙小，板料厚度过大会增加变形力，并造成卡料，甚至将凹模胀裂；板料过薄会影响成品质量，在拉深时甚至出现裂纹。

(2) 表面光洁，无斑、无疤、无擦伤、无表面裂纹等。一切表面缺陷都将存留在成品工件表面，裂纹性缺陷在弯曲、拉深等过程中可能向深广扩展，造成废品。

(3) 屈服强度均匀，无明显方向性。各向异性板料在拉深、翻边、胀形等冲压过程中，材料屈服的出现有先后，塑性变形量不一致，会引起不均匀变形，使成型不准确而造成次品或废品。

(4) 均匀延伸率高。抗拉试验中，试样开始出现细颈现象前的延伸率称为均匀延伸率。在拉深时，板料的任何区域的变形不能超过材料的均匀延伸范围，否则会出现不均匀变形。

(5) 屈强比低。材料的屈服极限与强度极限之比称为屈强比。低的屈强比不仅能降低变形抗力，还能减小拉深时起皱的倾向，减小弯曲后的回弹量，提高弯曲件精度。

(6) 加工硬化性低。冷变形后出现的加工硬化会增加材料的变形抗力，使继续变形困难，故一般采用低硬化指数的板材。但硬化指数高的材料的塑性变形稳定性好(即塑性变形较均匀)，不易出现局部性拉裂。

3. 冲压工艺的特点

(1) 冲压是一种高生产效率、低材料消耗的加工方法。冲压工艺适用于较大批量零件制品的生产，便于实现机械化与自动化，有较高的生产效率，同时，冲压生产不仅能努力做到少废料和无废料生产，而且即使在某些情况下有边角余料，也可以充分利用。

(2) 操作工艺方便，不需要操作者有较高水平的技艺，冲压是依靠冲模和冲压设备来完成加工，易于实现机械化与自动化。

(3) 冲压时由于模具保证了冲压件的尺寸与形状精度，且一般不破坏冲压件的表面质量，而模具的寿命一般较长，所以冲压的质量稳定，互换性好，具有“一模一样”的特征。冲压出的零件一般不需要再进行机械加工，具有较高的尺寸精度，具有较好的互换性，不影响装配和产品性能。

(4) 冲压可加工出尺寸范围较大、形状较复杂的零件，如小到钟表的秒针，大到汽车纵梁、覆盖件等，加上冲压时材料的冷变形硬化效应，冲压的强度和刚度均较高。

(5) 冲压一般没有切屑碎料生成，材料的消耗较少，且不需其他加热设备，因而是一种省料、节能的加工方法，冲压件的成本较低。

3.1.2　冲压模的分类

1. 按冲压工序的组合方式分类

按照模具工位数和在冲床上的一次行程(冲压一次)中完成的工步数，冲裁模具可以分为以下 3 类：

(1) 单工序模(简单模)：只有一个工位、只完成一道工序的冲裁模。

(2) 复合模：只有一个工位，且在这个工位上同时完成两个或者两个以上冲压工序的模具，如冲孔、落料复合模具，落料、拉伸复合模具等。

(3) 连续模具(级进模)：具有两个或者两个以上的工位，条料以一定的步距由第一个工位逐步传送到最后一个工位，并且在每一个工位上逐步将条料成型为所需零件的冲裁模，一副连续模中可包含冲孔、弯曲、拉深和落料等多种冲压工序。

单工序模、复合模和连续模在冲压件的生产方式上不同，因而在应用上各有特点，在设计冲裁模时，要根据零件实际情况、模具特点以及工厂的加工能力进行适当选择。

2. 按工艺性质分类

按照机械加工工艺的性质，模具可分为冲裁模、弯曲模、拉深模、成型模和铆合模等。

(1) 冲裁模：沿封闭或敞开的轮廓线使材料产生分离的模具。如落料模、冲孔模、切断模、切口模、切边模、剖切模等。

(2) 弯曲模：使板料毛坯或其他坯料沿着直线(弯曲线)产生弯曲变形，从而获得一定角度和形状的工件的模具。

(3) 拉深模：是把板料毛坯制成开口空心件，或使空心件进一步改变形状和尺寸的模具。

(4) 成型模：是将毛坯或半成品工件按凸、凹模的形状直接复制成型，而材料本身仅产生局部塑性变形的模具。如胀形模、缩口模、扩口模、起伏成型模、翻边模、整形模等。

(5) 铆合模：是借用外力使参与的零件按照一定的顺序和方式连接或搭接在一起，进而形成一个整体。

3. 按产品的加工方法分类

按产品加工方法的不同，可将模具分成冲剪模、弯曲模、抽制模、成型模和压缩模 5 大类。

(1) 冲剪模：是以剪切作用完成工作的，常用的形式有剪断冲模、下料冲模、冲孔冲模、修边冲模、整缘冲模、拉孔冲模和冲切模具。

(2) 弯曲模：是将平整的毛坯弯成一个角度的形状，视零件的形状、精度及生产量的多寡，有多种不同形式的模具，如普通弯曲冲模、凸轮弯曲冲模、卷边冲模、圆弧弯曲冲模、折弯冲缝冲模与扭曲冲模等。

(3) 抽制模：是将平面毛坯制成有底无缝容器。

(4) 成型模：指用各种局部变形的方法来改变毛坯的形状，其形式有凸张成型冲模、卷缘成型冲模、颈缩成型冲模、孔凸缘成型冲模、圆缘成型冲模。

(5) 压缩模：是利用强大的压力，使金属毛坯流动变形，成为所需的形状，其种类有挤制冲模、压花冲模、压印冲模、端压冲模。

3.2　冲裁模 CAD/CAM 系统的结构与工作流程

冲裁模 CAD/CAM 系统现在已经广泛应用于简单模、复合模和连续模的设计与制造中。将产品零件图输入计算机系统后，系统可完成工艺分析计算和模具结构设计，绘制模具零件图和总装图，完成数控线切割编程，并以多种方式输出程序。

3.2.1　系统结构

除计算机外，冲裁模 CAD/CAM 系统的硬件配置中还包括硬盘、图形终端、绘图仪、打印机和打孔机等。系统软件主要由应用程序、数据库、图形库和绘图软件组成。应用程序包括简单模、复合模、连续模的工艺设计计算、模具结构设计和线切割数控自动编程等部分。数据库用于存放工艺设计参数、模具结构参数、标准零件尺寸、公差和材料性能参数等大量的数据资料，多采用关系型数据库管理系统，便于数据库管理和检索，减少了冗余数据，保证了数据的一致性。图形库包括图形基本软件和应用软件，绘图软件可根据设计结果自动绘制模具图。

当建立冲裁模具 CAD/CAM 系统时，首先要确定系统的目标和功能，根据要求选择硬件设备和基本支撑软件。模具结构与零件的标准化和工艺资料的程序化是建立 CAD/CAM 系统的重要基础工作。工艺与模具设计资料包括人工设计模具的流程、准则和标准数据等内容。

冲裁模具 CAD 系统的设计过程和思路与冲裁模具传统设计一样，首先进行工艺分析计算，然后进行模具结构设计和模具图样绘制。冲裁模具 CAD 系统一般由 5 个功能模块组成，如图 3.1 所示。

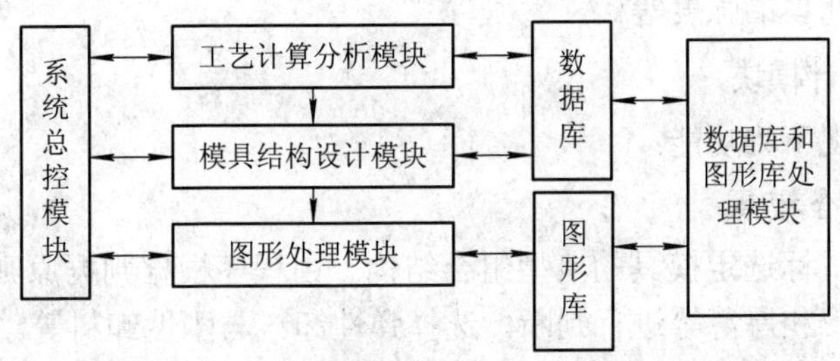

图 3.1　冲裁模具 CAD 系统构成

1. 系统总控模块(系统运行管理模块)

系统运行管理模块主要完成整个系统的运行管理、与操作系统平台的连接和数据交换等。它随时可以调用操作系统的命令及调度各功能模块执行相应的过程和作业。在整个作业过程中，为配合设计、分析和图形生成，会频繁调用数据库管理系统命令，方便地进行数据的管理。对于容量不够充分的主机，该模块还负责进行程序的批处理和覆盖。

2. 工艺计算分析模块

工艺计算分析模块一般包括以下 3 个方面的功能：

1) 工艺分析

工艺性是冲压件对冲压工艺的适应性。工艺性判断直接影响制件质量及模具寿命。冲裁件、拉深件、弯曲件等均有不同工艺要求。手工设计时，由人工逐项对照表格数值进行检查判断。在 CAD 系统中，采用扫描自动判别的方法或交互式查询方法。自动判别法需要由图形中搜索出判断对象及其性质。交互式查询法，可以用工艺性典型图，通过人机交互完成此工作。

2) 工艺方案的选定

工艺方案的选定包括冲压工序性质、工序顺序和工序组合的选定等，要确定采用单工序冲压、复合冲压还是连续冲压。在 CAD 系统中，可采用两种方式进行工艺方案的选择：一是对于判据明确、可以数字建模描述的情况，采用搜索与图形类比方法由相应程序自动得出结论；二是采用人机对话方式，由用户根据实际情况和设计者经验做出判断，加以分析选择。

3) 工艺计算

工艺计算包括毛坯材料计算、工序计算、力的计算、压力机的选用和模具工作部位强度校核等。

(1) 毛坯材料计算：冲裁件毛坯材料排样图的设计，材料利用率计算。

(2) 工序计算：工步安排、工序时间计算等。

(3) 力的计算：冲压力、顶件力、卸料力、压边力等的计算。在有些情况下还需要进行功率消耗的计算。

(4) 压力机的选用：确定压力机的吨位、行程、闭合高度、台面尺寸的参数，最终完成压力机的选取。

(5) 模具工作部位强度校核：模具工作部分强度校核一般根据需要和实际情况确定，包括凸模的刚度、凹模的强度等。

3. 模具结构设计模块

该模块主要实现下列功能：

1) 选定典型组合模具

根据国标或者厂标选定模具的典型组合结构。由程序根据判据原则，对冲裁模的倒装与正装，方形、圆形和厚薄等进行判断，选择弹性卸料与刚性卸料等。

2) 选定非典型组合模具

由设计者选定相应标准模架、标准零件，采用人机交互的方式进行设计。对于半标准零件或者非标零件设计，包括凸凹模、顶件杆(板)、卸料板及定位装置的设计，虽然具有不同的形式，但是也要尽可能做到典型化和通用化，有利于后续模具设计者进行借鉴。

3) 提供索引文件

提供索引文件以便绘图和加工时调用。

4. 图形处理模块

图形处理模块有 3 种方案可供选择：第一种是在标准图形软件平台上自主开发，这种方法针对性强，模块结构紧凑，但必须具备较强的开发力量或组织协作能力；第二种是借助商品化的图形系统软件或计算机辅助设计软件(如 AutoCAD、UG、Pro/E 和 CATIA 等)，它们一般是针对机械 CAD/CAM 产品；第三种是直接引进模具设计专用软件，费用一般较高。

5. 数据库和图形库处理模块

数据库和图形库是一个实用的、综合的、有组织的、存储大量关联数据的结合体，包括工艺分析计算常用参数表、模具典型结构参数表、标准模架参数表、标准件参数表、标准件图形关系、材料参数等。它能根据模具结构设计模块索引文件，检索所需标准件图形，输出该图形的基本描述文件。

3.2.2 建立冲裁模 CAD 系统的一般流程

由于冲裁模 CAD 是一个比较复杂的系统，为了保证冲裁模 CAD 系统的质量，一般依据软件工程学方法进行开发。建立冲裁模 CAD/CAM 系统的过程一般如下：

(1) 确定系统的功能目标，根据需要选择硬件设备及其基本支撑软件；

(2) 收集和整理模具结构、标准化零件及工艺方面的资料；

(3) 制定系统流程图，说明系统的基本组成与内容，明确各部分之间的关系和数据流；

(4) 建立数学模型；

(5) 完成程序的编制与调试；

(6) 建立图库和数据库；

(7) 将各功能模块连接在一起，并进行调试。

3.2.3　模具 CAD/CAM 系统的工作流程

将冲裁件零件的形状和尺寸输入计算机，由图形处理程序将其转化为一定的形式，为后续模块提供必要信息。

工艺性判断以自动搜索和判断的方式分析冲裁件的工艺性。如零件不适合冲裁，则反馈信息，要求对零件图进行必要的修改。

毛坯排样以材料利用率为目标，进行排样的优化设计。程序可完成单排、双排和调头双排等不同方式的排样，还要从大量排样方案中选出利用率最高的方案。

工艺方案的选择，即决定是采用简单模、连续模，还是采用复合模通过交互方式实现。程序可以自动确定工艺方案，用户也可以自行选择合适的工艺方案，这样系统可以适应各种不同情况。

工艺方案确定后，系统流程的走向以简单模和连续模为一个分支，以复合模为另一分支，在各个分支内，程序完成从工艺计算到模具结构与零件设计的一系列工作。可通过屏幕上显示的图形菜单选择确定凹模和凸模的形状设计。凹模内的顶杆采用优化布置，使顶杆分布合理，顶杆合力中心与压力中心尽量相近。在设计挡料装置时，用户可以用光标键移动屏幕圆销，选定合适的位置。

模具设计完毕，绘图程序可根据设计结果自动绘出模具零件图和装配图。系统的绘图软件包括绘图基本软件、零件图库和装配图绘制程序。绘图基本软件包括几何计算子程序、数图转换子程序、尺寸标准程序、剖面线程序及图形符号包和汉字包。零件图库由凸模、凹模、上下模座等零件的绘图程序组成。绘制凹模、凸模、固定板、卸料板等零件图的关键是将冲裁件的几何形状信息通过数据库转换，生成冲裁件的图形；另外，还要恰当地处理面线和尺寸标注，所有这些功能均可调用基本软件有关程序完成。

装配图绘制采用图形模块拼合法实现，即将产生的零件图的视图转换成图形文件，将各装配件的图形插入到适当的位置，拼合成模具的装配图。

系统利用 AutoCAD 绘图软件包作为绘图基础软件，将此软件包和高级语言结合使用，完成绘图程序的设计。

数控线切割自动编程模块可选择穿丝孔位置和直径，确定起割点，计算刀具的运动轨迹，按数控机床控制程序格式完成数控编程，并可输出或在穿孔机上输出纸带。

3.3　冲裁工艺性设计

3.3.1　冲裁图形的输入

产品零件图是模具设计的原始数据，所以进行冲裁模 CAD，必须先把冲裁件图形输入计算机，在计算机内建立冲裁件的几何模型。常用的冲裁件图形输入方法有编码法、面素拼合法和交互输入法等。编码法是将组成零件轮廓的几何元素类型、尺寸和相互位置关系以代码表示，按照几何元素之间的相互关系，依次对轮廓元素进行描述。面素拼合法是利用一些称为面素的简单几何图形的并、交、差运算，完成冲裁件图形输入的一种方法。交

互输入法是以某一绘图软件为支撑，通过在屏幕上交互作图，完成冲裁件的图形输入，这种方法可对图形进行交互编辑、修改、插入和删除，具有输入直观、显示及时等特点，目前，大多数 CAD/CAM 系统采用这种方法。

3.3.2　冲裁件的工艺性分析

在冲裁工艺设计时，首先要判断冲裁件的工艺性是否良好。冲裁件的工艺性是指零件对冲裁工艺的适应性，包括冲裁件的形状、尺寸及偏差、孔间距等内容。工艺性良好与否，对冲裁件的质量和模具寿命有很大影响。所以在建立冲裁模 CAD/CAM 系统时，需要对产品零件的冲压工艺性进行判断，看其是否适合冲裁加工。其主要内容如图 3.2 所示。

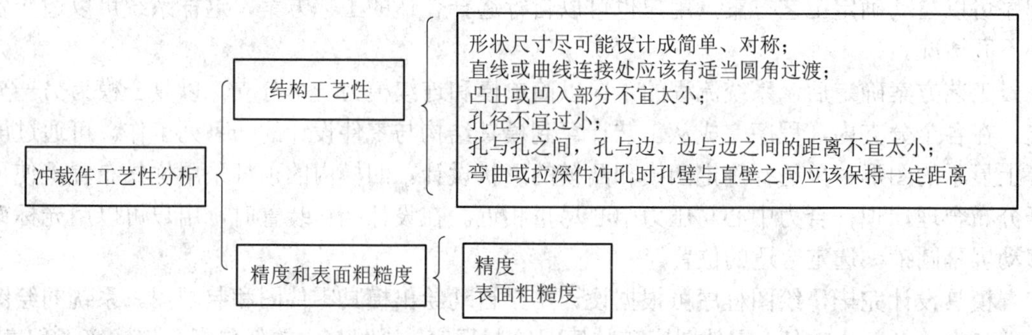

图 3.2　冲裁件工艺性分析

在冲裁模 CAD 系统中，完成上述工艺判别通常采用自动判别法和交互式法。自动判别时，系统需解决 3 个方面的问题：① 找出判别对象元素，如孔、槽、悬臂等；② 确定判别对象的性质，即属于孔间距、槽宽等的哪一类；③ 求出其值并与允许的极限值进行比较。为此，系统可采用多种方法实现，具体步骤如下：

(1) 选择判别对象。采用对整个图形进行搜索的方法确定对象元素。对于直线，以某一端点为圆心，以某一常数为半径，做一辅助圆，进而判别辅助圆和除线段本身以外的所有图形元素是否有交点或图形元素是否在辅助圆内，若有交点或图形元素在辅助圆内，则是判别对象元素。对于圆元素，将其半径放大或缩小做辅助圆，求图形所有元素(本身与邻元素除外)是否和辅助圆有交点或在其内，这样即可找到判别对象元素。但要注意有关系的元素间可能有多余元素存在，要将它除去。

(2) 确定判别对象性质。找到判别对象元素后，利用事先确定的一套几何关系确定判别对象的性质。当零件图中直线与直线间关系是虚型时，则判别其类型为窄槽；若是实型的开放型，则判别其类型为槽间距或槽边距；若是实型的封闭型，则判别其类型为细颈或悬臂。利用同样原理可确定出圆与圆或圆与线的关系，即判别出孔间距、孔边距等。

(3) 与允许极限值进行逻辑运算。该逻辑运算主要是计算需要判别的量值，并与极限值进行比较。可以采用多种方法：第一种是解析几何法，用解析几何的方法求出点与线间、线与线间、线与圆弧间或圆间的最小距离，并与允许的极限值进行比较；第二种是干涉法，将图形外轮廓缩小，内轮廓放大，然后判别各元素间有无干涉，从干涉中找到判别的对象，再确定其性质，并求出其最小距离，最后与允许值进行比较；第三种是区域划分法，将图形分成若干个区域，当孔或槽与外形轮廓间的位置或孔与孔间的位置满足事先设定的位置

条件时进行判别，并求出其值。以上三种方法，都避免了整体搜索，不需逐个对轮廓对象间的距离一一求出，因此减少了程序计算的工作量。

3.3.3　冲裁件毛坯排样的优化设计

在冲裁零件的成本中，材料费用占 60%以上。在大量生产中，即使将材料利用率提高 1%，其经济效益也相当可观。因此，材料的经济利用是冲压生产中的一个重要问题。

毛坯排样的目的在于寻找利用率最高的毛坯排样方案。人工排样一般难以获得最佳排样的方案，这是因为制件的布置方案多种多样，要比较这些方案的材料利用率，手工计算是不能胜任的。另外，制件形状千差万别，单凭经验和直觉往往很难做出正确判断。计算机排样相比于手工排样具有明显的优越性，可显著提高材料利用率。使用情况表明，计算机优化毛坯排样可使材料利用率提高 3%～7%。

在冲裁模设计中，凹模、卸料板和凸模固定板等零件的设计均需利用排样结果所提供的信息，因此在系统流程图中毛坯排样处于较前的位置。

1．毛坯排样问题的数学描述

在实际生产中常有的排样方式有 4 种：普通单排、普通双排、对头单排和对头双排，如图 3.3 所示。

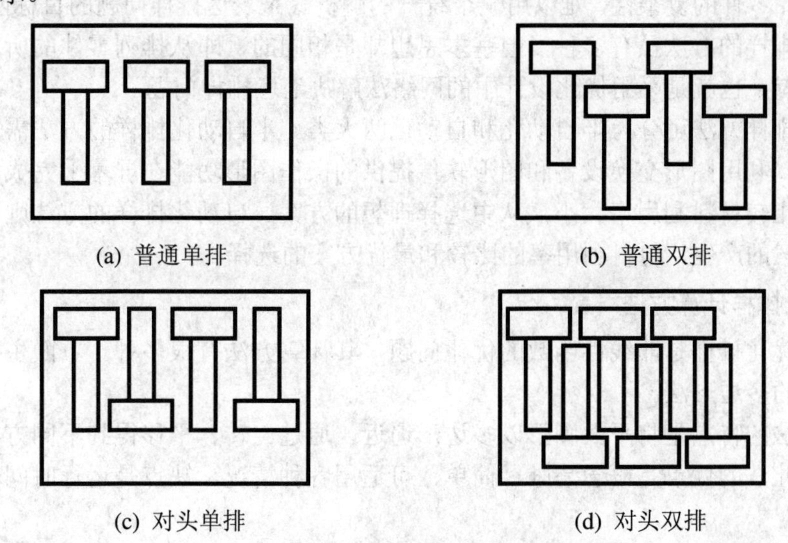

(a) 普通单排　(b) 普通双排

(c) 对头单排　(d) 对头双排

图 3.3　各种排样方法下的排样单元

排样在数学上是非线性规划问题，其目标函数为材料利用率，使材料利用率最高。根据实际，材料排样利用率的计算方法有 3 种：

(1) 对于卷料(或带料)冲裁，可以用材料的步距材料利用率来评价排样方案的优劣，其利用率为：

$$\eta = \frac{A}{HS} \times 100\% \tag{3.1}$$

式中：η——步距材料利用率；

A——单个步距上所排列的零件的面积；

H——卷(带)料的宽度；

S——进给步距。

(2) 对于条料冲裁，其利用率为：

$$\eta = \frac{NA_1}{LB} \times 100\% \tag{3.2}$$

式中：N——由条料冲得的零件数目；

A_1——单个零件的面积；

L——条料长度；

B——条料宽度。

(3) 对于整块板料冲裁，其利用率为：

$$\eta = \frac{NA_1}{LB} \times 100\% \tag{3.3}$$

式中：N——由板料冲得的零件数目；

A_1——单个零件的面积；

L——板料长度；

B——板料宽度。

由于产品零件的复杂性，难以用一个统一的解析式来表达排样问题的目标函数，因此，计算机辅助排样的方法虽有多种，但基本思想却是相同的，即从排列零件的所有可能方案中选出最优者，也就是采用优化设计中的网络法解决毛坯排样问题。

计算机排样方法可分为半自动化和自动化两大类。半自动化排样的方法需要较多的人机交互作用，利用图形交换设备和图形软件提供的操作图形功能在屏幕上完成图形布置，利用计算机比较材料利用率大小，从中选择理想的方案。自动化排样的方法则由程序自动完成排样方案的产生、材料利用率的比较和最优方案的选择。

2. 优化排样计算方法

计算机优化排样是非线性函数的优化问题，其计算方法有很多种。下面主要介绍优化排样中常用的多边形法。

多边形法的特点是将平面图形以多边形逼近，通过旋转、平移得到不同方案，从中选择最佳者。此法的优点是概念清晰、简单，可适用各种情况，缺点是运行时间长。其主要步骤如下：

(1) 多边形化。用多段直线段逼近圆弧段，以多边形近似代替原来零件图形，如图 3.4 所示。

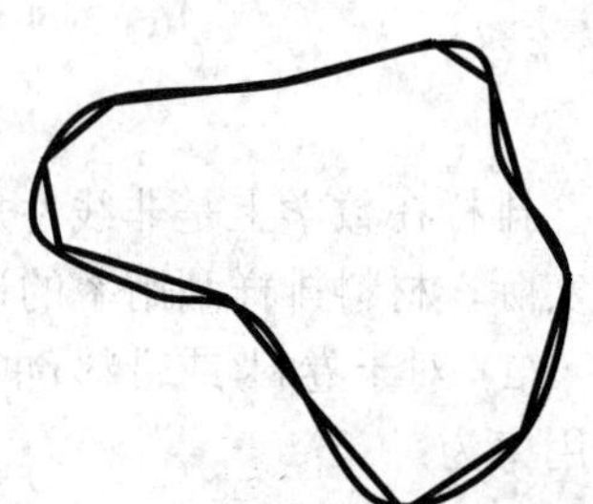

图 3.4 零件图形的多边形化

(2) 等距放大。为了保证排样件间的搭边，计算机排样处理时，将多边形化的图形向外等距放大，直到使相邻两图形相切，图形的放大值即为冲裁件的 1/2 搭边值。

(3) 图形的旋转、平移。通过旋转、平移使等距图相切，这样就产生了一种排样方案。一般旋转或平移取一定的值，如旋转步长取 5° 或 10°，平移步长根据零件大小而定。

(4) 与已存储方案比较，保存材料利用率高的方案。如全部搜索完毕转至下一步，否则转到上一步重新确定排样方案。

(5) 输出排样结果。根据计算结果，输出排样图及相关参数。

3.3.4　冲裁工艺方案的确定

系统在完成工艺性判断并选定毛坯排样方案后，接下来要完成的工作是进行工艺方案的选择。根据前面提供的数据以及零件自身的工艺性，选择采用单工序冲压、复合冲压还是连续冲压，从而确定冲裁模类型，即单工序模、复合模或连续模，并确定单工序模或连续模的工序与顺序。

由计算机来判断选择哪种冲裁工艺方案，首先必须建立设计模型，也就是必须根据生产中的实际经验，总结出冲裁工艺方案选择的判据。常用的判据如下：

(1) 冲裁件的尺寸精度。当轮廓间的位置精度要求较高时，往往要采用复合模进行冲裁，这是因为复合模能方便地保证冲裁轮廓间的位置精度。

(2) 冲裁件的尺寸与形状。工件的尺寸对模具类型的选择有一定的影响，当试件的厚度大于 3 mm、外形尺寸大于 25 mm 时，不宜采用连续模。若制件的孔或槽间(边)距太小，或是臂既窄又长，则不能保证复合模的凸、凹模的强度，故不能采用复合模，只能采用单工序模或连续模。

(3) 生产批量。由于连续模或复合模的生产效率高，因此中、大批量生产的零件应尽量采用这两种模具。

(4) 安装位置。冲孔凸模的安装位置如果发生干涉，则不宜采用复合模。

(5) 模具的制造条件。复合模和连续模的结构复杂，要求有较高的制造工艺和装配工艺水准。在进行类型选择时，要考虑工厂是否具有制造这种模具的能力。

上述几项判据可分为两类：一类是可量化的判据，如冲裁件的尺寸精度、外形尺寸、凸模的装配要求以及孔、槽间距的要求等，可建立数学模型，利用程序进行自动判断；另一类是叙述性判据，不便采用数学模型来描述这些条件，可用人机对话的方式，由用户根据生产条件做出选择判断。采用程序自动判断和人机对话经验判断相结合的方法，可得出合理的冲裁工艺方案的模具类型。

3.3.5　连续模的工步设计

连续模是指在压力机的一次行程中，在不同工位上完成多道工序的模具。在连续模设计时，首先进行工步设计，包括确定连续模的工步数、安排工序顺序和设计定位装置等。工步设计是连续模具设计的核心问题之一，其设计是否合理将直接影响模具的结构和质量。工步设计需综合考虑材料的利用率、冲裁件尺寸精度、模具结构与强度以及冲切废料等问题。

采用计算机进行连续模工步设计时必须先确定设计准则，并建立相应的数学模型，然后编写程序实现计算机辅助工步设计。工步设计一般遵循如下准则：

(1) 为了保证模具强度，将间距小于允许值的轮廓安排在不同工步冲出；

(2) 有相对位置精度要求的轮廓，尽量安排在同一工步上冲出；

(3) 对于形状复杂的零件，有时通过冲切废料得到工件的轮廓形状；

(4) 为保证凹模、卸料板的强度和凸模的安装位置，必要时可以安排空工步；

(5) 为了使条料送进稳定，应先冲小孔；

(6) 落料安排在最后工步；

(7) 为了防止产生偏心载荷，使压力中心与模具中心尽量接近；

(8) 设计合适的定位装置，以保证送料精度。

3.4 冲裁模结构设计

模具标准化是建立模具 CAD 系统的重要基础。冷冲模国标 GB 2851～2875—1981 为冲裁模 CAD 系统建立提供了有利条件。该标准包括 14 种典型模具组合，12 种模架结构，以及模座、模板、导柱、导套等零件标准。在此基础上，不同厂家为适应各自产品的需要，亦可补充本企业的冲模标准。基于模具标准的冲裁模 CAD 系统，冲裁模结构设计主要是选择模具组合形式、模架和标准件结构，设计非标准件，生成模具零件图和装配图等。

3.4.1 冲裁模结构的设计过程

首先应将模具标准中的数据和图形存于计算机中，然后在冲裁工艺设计的基础上进行冲裁模结构设计。在进行冲裁模结构设计时，先设计模具总体结构，确定模具类型和部件结构类型，然后进行零部件设计和装配设计，最后生成工程图样。图 3.5 所示为冲裁模 CAD 系统模具结构设计模块的结构。该模块由 3 个子模块组成，即系统初始化模块、模具总装及零件设计模块、图形生成模块。冲裁模结构设计的基本过程如图 3.6 所示。

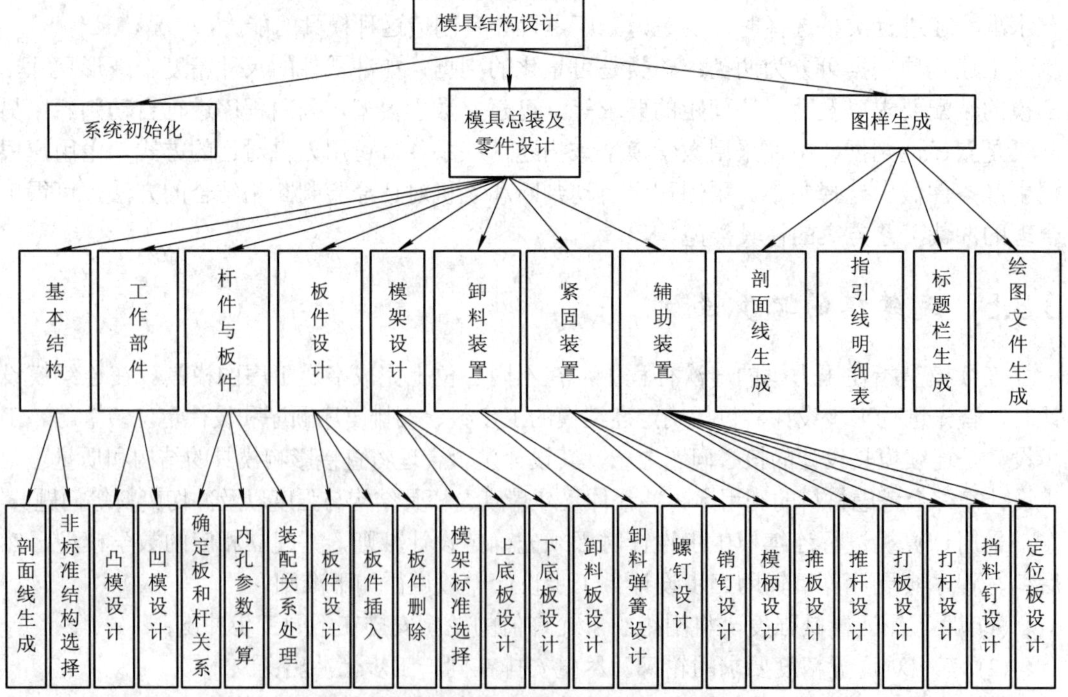

图 3.5 冲裁模具结构设计模块的结构

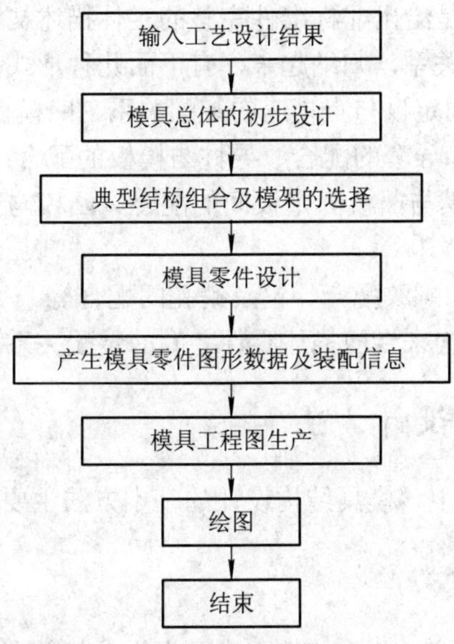

图 3.6　冲裁模结构设计基本过程

1. 模具总体初步结构设计

在系统设计时，应预先确定若干种冲裁模的基本结构形式和典型组合，如下出料式落料模、上出料式落料模、倒装式圆板复合模、正装式圆板复合模、倒装式矩形模板复合模、正装式矩形模板复合模、弹性卸料纵向送料连续模、弹性卸料横向送料连续模、弹性卸料冲孔模和固定卸料冲孔模等。

在初步设计时，要详细地规定每种结构由哪几个主要零件组成，以及各零件的装配次序和装配关系。这些规范的结构以数据形式存放在数据库的图形库中，供选择和调用。另外，按照一定的数据和形式，预先将各种标准模架的图形文件存储于图形库中，或由设计者自由选择。根据工件的形状尺寸选定凹模外形规格，最后输出典型组合索引文件及模架索引文件，由数据库检索出相应规格的典型组合及模架标准。

2. 模具零件设计分析

冲裁模零件按其标准化程度分为以下 3 类：

1) 完全标准件

完全标准件有导柱、导套、卸料螺钉、挡料销、导正销、标准圆凸模，这类零件大多为轴类零件，从图形库中检索出来即可使用，模具零件分析设计程序的任务是输出标准索引文件。

2) 半标准件

半标准件有凹模板、凸模固定板、凹模固定板、卸料板、各类垫板、上模座及下模座，这类零件的外形及其固定用孔(如螺纹孔、销钉孔等)均已预先规定，而其内形随冲裁件的变化而变化。其中标准件部分可直接从图形检索库中检索到，而非标准件则由设计分析程序得出。半标准件大多为板类零件，此类零件的设计分析任务是输出半标准件外形索引及其内形的实体描述文件。

3) 非标准件

非标准件有凸模、卸件块、凸凹模等，这类零件无标准形式，需按不同工件进行设计。

这里，模具设计程序的任务是给出非标准件完整的实体描述文件。

冲裁模零件之间的装配关系，归纳起来，有下面几种形式：

(1) 板块叠加，如凸模固定板与上模座的装配关系、凹模板和凹模垫板的装配关系等；

(2) 圆孔配合，如导柱和导套的配合、导柱与模板的配合；

(3) 非圆孔配合，如凸模与凸模固定板间的配合、凸模与弹性卸料板的配合、凸模与凹模的配合等；

(4) 其他形式的配合，如螺纹配合、销及销孔的配合等。

通常采用一定的数据结构来专门描述零件之间的装配关系。

3.4.2 冲裁模结构的设计方法

在模具 CAD/CAM 系统中，模具结构设计的基本方法主要有自动设计法和交互式设计法两种。

1. 自动设计法

自动设计法是利用 CAD/CAM 系统的程序及提供的相关参数和条件，自动判断和选择模具结构。该方法选择过程自动完成，对操作人员的技术要求低，因此效率高。但对模具结构分析程序要求很高，编程工作量大而复杂，且此法不能包罗所有可能的结构形式，存在一定的局限性。

2. 交互设计法

交互设计法是利用人机对话的交互方式完成模具结构设计的方法。这种方法需要配合大规模的子图形库及基本图形运算程序库，对于复杂的零件和结构更显烦琐。因此，该方法效率低。但采用这种方法对模具设计分析程序的编制要求低，并能充分发挥设计者的主观能动性，对各种模具结构的适用性强。由于中国模具标准化程度不高，经验设计多，所以完全采用程序自动设计比较难。为克服以上两种方法的局限性，在建立 CAD/CAM 系统时，可采用程序自动设计为主，人机交互设计为辅，两者相结合的办法，取两种方法的长处，这样既可提高结构设计的效率，又可发挥设计者的主观能动性。

3.4.3 冲裁模结构形式的选择

冲裁模 CAD 系统设计时，事先将各类典型结构、零件标准数据、图形和装配关系存入计算机中，然后按一定准则来选择模具结构的类型。

简单冲裁模结构类型的选择，是以材料厚度、平整度为依据。对薄料且平整度要求高的冲裁件，选择弹压卸料及上出件形式的模具结构；对厚料的冲裁件，则选择固定卸料及下出件形式的模具结构。

复合模结构类型的选择，是以凸、凹模的壁厚为准。凸、凹模的壁厚较大时，采用倒装式复合模；凸、凹模的壁厚较小时，则用顺装式复合模。凸、凹模壁厚值的确定可用图形放大或缩小的方式进行。

连续模结构类型的选择，主要是选择条料定位形式，一般有固定挡料销加导正销和侧刃加导正销两种组成型式。前者多用于材料厚度较大，精度要求较低的情况；后者则用于

不便采用前者定位的情况。

3.4.4　凹模与凸模设计

完成模具结构形式选择后，接着进行核心内容的设计，即凸、凹模的设计。凸、凹模的设计内容主要包括凸、凹模刃口尺寸的计算和结构形式设计的选择两项内容。

1. 凸模与凹模形式的设计

凹模形式设计包括凹模外形选择(矩形或圆形)、凹模外形尺寸计算以及凹模刃口形式选择等。凹模的外形尺寸应保证凹模具有足够的强度，以承受冲裁时产生的应力。通常的设计方法是按零件的最大轮廓尺寸和材料的厚度确定凹模的高度和壁厚，从而确定凹模的外形尺寸。因此，凹模的外形尺寸是由冲裁件的几何形状、厚度、排样转角和条料宽度等因素决定的。

凹模的工作部分有如图 3.7 所示的 4 种形式。设计时，计算机屏幕上会显示出该图形菜单，用户键入适当数字，便可选定相应的形式。凹模口部的台阶高度和角度等有关尺寸，由程序根据选择形式自动确定。

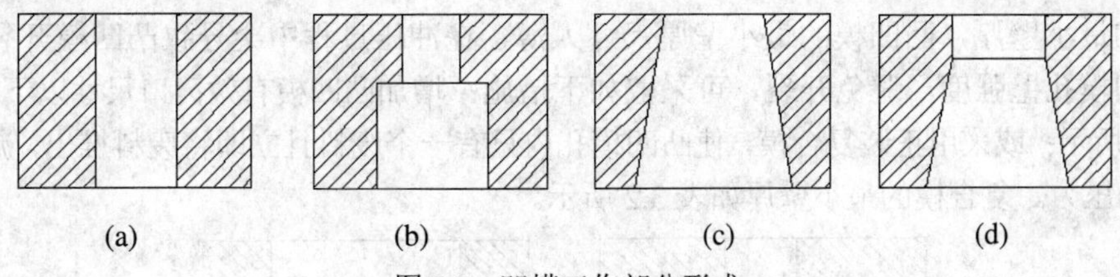

图 3.7　凹模工作部分形式

按国家标准设计冲裁模时，凹模尺寸是关键尺寸。当选定了模具结构形式，确定了凹模尺寸后，其他模具零部件尺寸也随之确定。

凸模形式按无台阶及台阶多少分为如图 3.8 所示的形式，可利用计算机屏幕菜单进行选择。根据凸模尺寸和模具组合类型可以查询数据库中的标准数据，从而确定凸模的长度尺寸等。程序可以自动处理凸模在固定板上安装位置发生干涉的情况，决定凸模大端切入部分的尺寸。

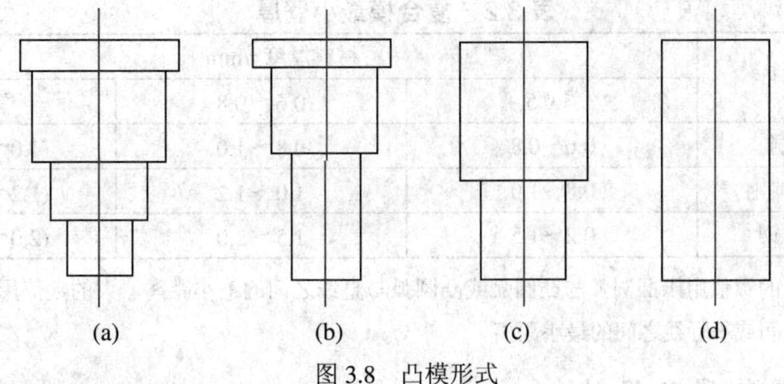

图 3.8　凸模形式

2. 刃口尺寸的计算

由计算机计算冲裁模刃口尺寸的基本原则与手工设计相同。落料时应以凹模为设计基准，配作凸模；冲孔时应以凸模为基准，配作凹模。同时，还应考虑因为刃口在使用过程

中产生磨损，落料件的尺寸会随凹模刃口的磨损而增大，冲孔的尺寸会随凸模刃口的磨损而减小。现将随磨损而增大的尺寸定义为 a 类尺寸、变小的尺寸定义为 b 类尺寸、不变的尺寸定义为 c 类尺寸。

在计算凹模和凸模的刃口尺寸时，根据磨损情况将其尺寸分为磨损后变大、变小和不变三大类。程序可在图形输入模型的基础上来区分三类尺寸，并按以下公式确定刃口尺寸：

$$A_D = (A_{max} - x\Delta)_0^{+\frac{\Delta}{4}} \tag{3.4}$$

$$B_D = (B_{max} + x\Delta)_{-\frac{\Delta}{4}}^{0} \tag{3.5}$$

$$C_D = (C_{min} + 0.5\Delta) \pm \frac{\Delta}{4} \tag{3.6}$$

式中：A_D、B_D、C_D——磨损后变大、变小和不变这三类模具刃口尺寸，mm；

A_{max}、B_{max}、C_{min}——相应工作的最大或最小尺寸，mm；

Δ——工件公差，mm。

凸凹模是复合模中的一个特殊零件。其刃口平面尺寸与工件尺寸相同，因此必须注意凸凹模的最小壁厚，凸凹模的最小壁厚尺寸太薄，在冲压过程中会导致凸凹模开裂。为了保证凸凹模孔壁强度，避免开裂，可采取如下措施：增加凸凹模有效刃口尺寸以下的壁厚，如图 3.9 所示；或采用正装复合模，使凸凹模孔内只有一个废料且立即将废料推出，减少废料对孔壁的压力。复合模的最小壁厚如表 3.2 所示。

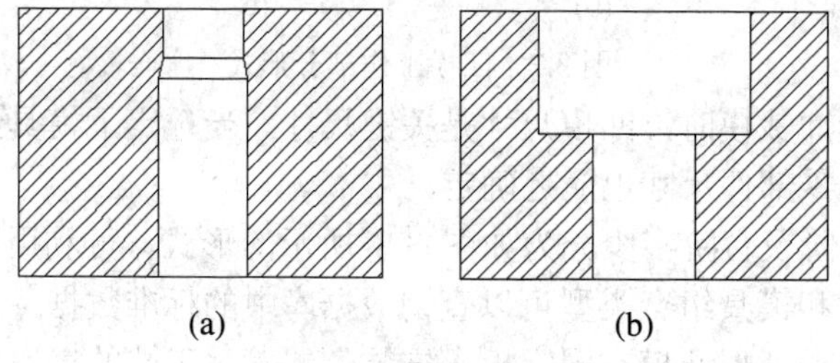

图 3.9　凹凸模壁厚加强

表 3.2　复合模最小壁厚

制件材料	材料厚度 t/mm		
	≤0.5	0.6～0.8	≥1
铝、纯铜	0.6～0.8	0.8～1.0	(1.0～1.2)t
黄铜、低碳钢	0.8～1.0	1.0～1.2	(1.2～1.5)t
硅钢、磷钢	0.2～1.5	1.5～2.0	(2.0～2.5)t

注：表中小的数值用于凸圆弧与凸圆弧或凸圆弧与直线之间的最小距离，大的数值用于凸圆弧与凹圆弧之间或平行线之间的最小距离。

3.4.5　其他装置的设计

1. 推件装置的设计

在冲裁模中为了将工件(或废料)从凹模中推出，需要有推件装置，包括打杆、打板、

顶杆、推件板。在复合模中，顶杆位置布置与打板形状设计是一个很重要的问题，若处理不当，将因顶杆偏载而加速模具的损坏或打不下工件；打板形状的合理与否，则影响底板强度。但是打板形状与顶杆位置布置的随机性很大，很难利用信息检索，一般可采用自动设计与人机交互式结合或全人机交互式设计。

确定顶杆直径 D 的方法，可采用先由材料厚度初步选择顶杆直径，如料厚 $t \geqslant 3$ mm，取 $D = 8$ mm；$t < 3$ mm，取 $D = 4 \sim 6$ mm，然后应用交互式语言询问操作者是否同意，即由操作者根据图形考虑顶杆布置位置后，最后确定其直径。

图 3.10 所示为常见的几种顶杆布置方式。其中顶杆的布置最难处理，合理布置顶杆位置必须满足以下条件：

(1) 顶杆的合力中心尽可能地接近冲裁件的压力中心；

(2) 顶杆应均匀布置；

(3) 顶杆应靠近冲裁件轮廓边缘布置；

(4) 顶杆数量和直径选择适当；

(5) 在某些特殊部位(如工件的窄长部分)需要设置顶杆。

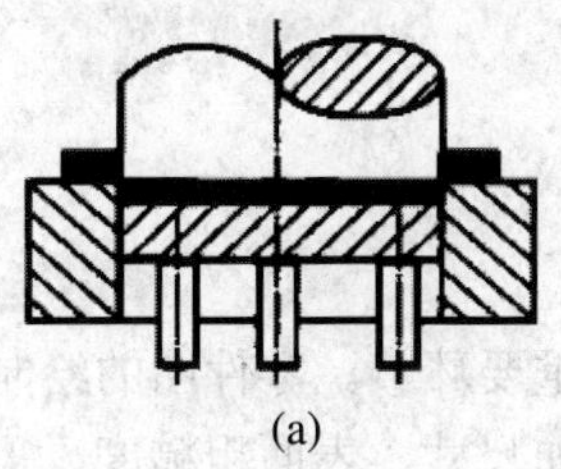

(a)

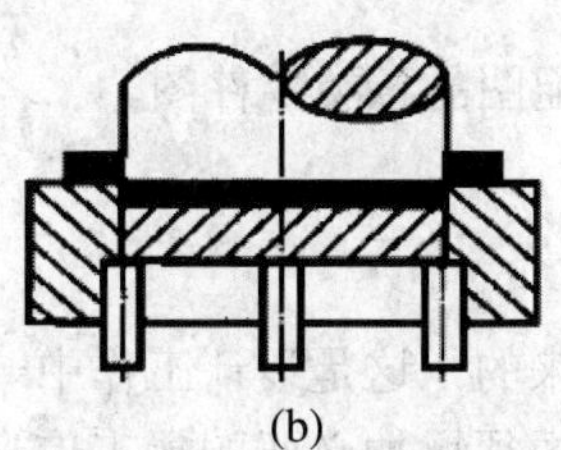

(b)

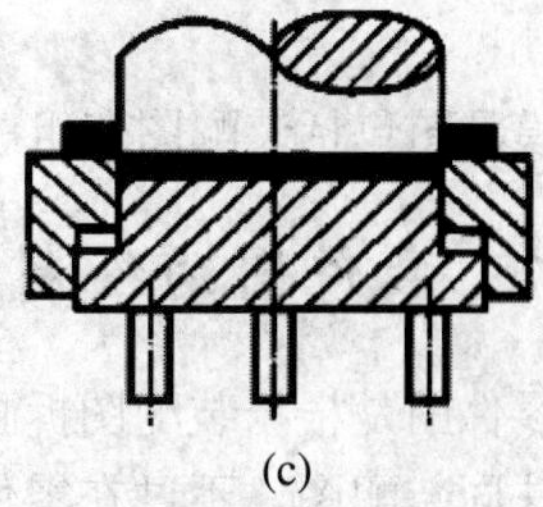

(c)

图 3.10　顶杆布置方式

打板的功能是将打杆的力传给顶杆，以便顶出工件，打板分规则和非规则两种。规则打板一般用于小件；对于中、大型零件，若采用规则打板则上底挖得太空，不能保证其强度，故需要采用非规则打板。

当设计规则打板时，程序根据工件外轮廓形状，自动判断采用矩形或圆形打板。在设计一规则打板后，程序亦自动设计另外规则打板。在底板与模柄的设计程序中权衡各种因素决定采用哪一种形式。

2. 定位装置的设计

定位装置的作用是保证条料有准确的送进位置，以确保冲压件质量和冲压生产连续顺利进行。常用的定位装置形式有挡料销、导正销、定距侧刃、导料板、导料销、定位板和定位钉等。在设计过程中可采用自动设计、人机对话和图形交互相结合等方法。设计者可自主地控制设计过程，选择合适的设计参数，交互修改设计结果，直至满意。程序首先从数据库中检索有关数据，读入凹模等数据结果，根据凹模设计结果选择送料方式，进行导向装置的设计，该设计可由程序自动完成。

3. 卸料装置的设计

卸料装置的主要作用是卸去冲裁后紧箍在凸模外面的带孔部分(制件或条料)。卸料装置分为刚性卸料和弹性卸料两种形式。刚性卸料装置卸料力大，但冲裁时，板料没有受到压料力的作用，冲裁后带孔部分有明显翘曲现象，主要应用于材料硬度、厚度较大，精度

要求较低的冲裁件的冲裁。弹性卸料装置在冲裁时，弹性卸料板有预压作用，冲裁后带孔部分表面平整，精度较高，但是卸料力较小，常用于材料厚度、硬度较小，精度要求较高的冲裁件的冲裁。

3.4.6 工程图的生成

模具图包括装配图和组成模具结构的各种非标准零件图。基于模具标准和一定图形软件，根据上述设计过程得到的设计结果(包括模具结构类型、装配关系和各类零件信息等)，按照一定的装配关系，利用图形软件功能，采用参数驱动就可生成模具装配图和零件图。装配图应包含模具外形尺寸、标题栏、明细表、技术条件等。模具零件图应包含有尺寸、表面粗糙度、公差、材料及热处理方式等。

生成模具图后可用绘图仪输出图样或用网络通信方式传送到制造部门。

3.5 各种图形的绘制

模具图包括装配图和组成装配图的各类零件图。

3.5.1 零件图的绘制

零件图是根据装配图拆画出来的，这是设计工作中一个重要环节。零件图的绘制原理和方法同装配图，不过在零件图中须增加必要的加工信息，如尺寸、表面粗糙度、形位公差等。模板类零件的零件图外形尺寸及安装尺寸由装配图决定，其型腔尺寸由冲裁件几何模型、排样及间隙值确定。非标零件则另行处理，编制相应的程序完成其设计与绘图。

3.5.2 装配图的绘制

装配图是表示模具零件及其组成部分的连接、装配关系的图样，它用以表示该套模具的构造，零件之间的装配与连接关系，模具工作原理以及生产该套模具的技术要求、检验要求等。装配图的结构与尺寸是由设计的凹模外形尺寸和选择的模架结构、典型组合决定的。当模架结构、典型组合已确定时，模具的结构与组成也就确定了下来。一旦凹模外形已定，模具各零件尺寸大小也就确定了。

绘制装配图的几种方法如下：

1. 零件图拼装法

零件图拼装法是将整幅装配图看作许多零件图拼接而成的，因此只要编制出各个零件图的程序，再将各零件图拼接即可。只要输入如下几个参数即可绘制图形：

P_w——板厚；

P_l——板长；

D_i——孔径；

X_0、Y_0——板的定位点坐标；

M_i——识别码：$i=1$ 表示孔两端无线，$i=2$ 表示孔上端有线，$i=4$ 表示孔两端有线；

Q_{ui}——识别码：$i = 1$ 表示柱形沉头螺钉孔，$i = 2$ 表示锥形沉头螺钉孔，$i = 3$ 表示直孔；

X_i、Y_i——孔的定位点坐标。

与子图形拼合法相比，其输入数据较少(只有 9 个参数)，而且柱形孔直径或锥形孔角度等均由程序确定，所绘图形可以变化(有 12 种情况)，一块板上也可以开多个不同的孔，使用较为方便，但这时数据难以独立于源程序，所需数据仍然较多。

2. 子图形拼合法

子图形拼合法是将整幅装配图看成是由许多基本子图形拼装而成的，首先编制出单个基本子图形的程序，然后调用这些程序，并将子图形拼装到所需位置，即可完成装配图。如在模板中穿一个螺钉，模板被分割成两个子图形，在已经编好的程序中，输入 6 个点的坐标或一个定位点坐标及必要尺寸，即可画出一个子图形，然后再调用螺钉子程序，画出螺钉，即可基本完成该部分装配图。其缺点是输入数据较多，若选坐标点输入，两个子图形需要 24 个参数；选定位点及相关尺寸，也要 12 个参数，使用很不方便；数据又不能独立于源程序，图形的应变能力差。

3. 几何图形造型法

几何图形造型法是首先编制好基本图形程序及并、交、差运算程序，然后在绘制装配图时，通过数据文件或数据库存储和传递的有关数据，将基本零件图形经过运算形成复杂的装配图。

例如，在模板中穿一螺钉，只要给出模板信息和螺钉轮廓信息，然后在模板与螺钉之间进行差运算，并画出螺钉和剖面线，即可完成装配图的绘制。

3.5.3　模具图的程序控制

模具图的显示、修改和输出都是在绘图软件支持下进行的。图形显示和修改实际上是在程序的控制下，将模具图从外储存器中调出，用户通过屏幕的显示查看模具图的任何细节，若对设计不满意，可做交互式修改。

在形式上，绘制装配图的同时记录每一个零件内的一点，装配图中各零件的指引线是按各零件的记录点所在的区域划分的，然后将每一区域中的零件记录点按一定顺序排列。在绘制每一条引线前，首先判断此线是否与下一条引线相交，若相交则换其坐标点，从而保证了各引线之间不会相交。

为了减少图形终端占用时间，绘制标题栏和明细表的工作由软件直接生成指令文件，在绘制装配图时直接驱动，按照各零件指引线及编号所指定的顺序，写出各零件的汉字名称、件数、张次。

模具图输出由绘图机完成。绘图时，系统对装配图和各零件图图幅的大小作了相应的规定。例如，刚性卸料典型组合全套模具图样采用 4 张 1 号图纸绘制，装配图为 1 张 1 号图纸，其他零件占用 3 张 1 号图纸，绘图的比例由图幅和零件大小确定。系统对图幅大小、图形比例及各零件图在图纸上的位置均采用自动判断确定，从而实现模具图的自动输出。

第 4 章　Pro/Engineer Wildfire 冲裁模设计实例

4.1　Pro/Engineer Wildfire 及 PDX 简介

Pro/Engineer Wildfire(以下简称 Pro/E)软件由美国参数技术公司(PTC)开发，是该公司的重要产品，它是全世界最普及的 3D CAD/CAM 系统之一。Pro/E 软件集零件设计、产品装配、模具设计、NC 加工、钣金件设计、铸造件设计、自动测量、机构仿真、应力分析和产品数据库管理等功能于一体，在机械、电子、汽车、航天、模具、工业设计等行业得到了广泛应用。其中，模具设计模块为模具数字化快速设计制造提供了设计平台。在工业设计与机械设计等多个领域，PTC 的系列软件都发挥了多项功能，并且具有管理大型装配体、对组件进行机械运动功能的模拟仿真、对产品数据进行管理等众多功能。3D CAD/CAM 软件的出现和发展使得模具设计制造的效率、冲压件的质量大大提高，并且缩短了生产周期。

Pro/E 具有以下优势：

(1) 全相关性。Pro/E 的所有模块都是全相关的。这就意味着在产品开发过程中对某一处进行的修改能够扩展到整个设计中，会同时自动更新产品开发过程中所有的工程文档，包括装配体、设计图纸以及制造数据。

(2) 基于特征的参数化造型。Pro/E 使用用户熟悉的特征作为产品几何模型的构造要素，这些特征是一些普通的机械对象，并且可以按预先设置很容易地进行修改。

(3) 数据管理。Pro/E 利用统一的数据库进行管理，便于设计者对数据进行调用、修改、存储等操作。

(4) 装配管理。Pro/E 的基本结构能够利用一些直观的命令(如啮合、插入、对齐等)很容易地把零件装配起来，同时保持设计意图。高级的功能支持大型复杂装配体的构造和管理，这些装配体中零件的数量不受限制。

(5) 易于使用。Pro/E 中，菜单以直观的方式级联出现，提供了逻辑选项和预先选取的最普通选项，还提供了简短的菜单描述和完整的在线帮助，这种形式使使用者容易学习和使用。

PDX 的全称是 Progressive Die Extension，它是一套挂载在 Pro/E 上的扩展模块，主要用于为钣金件进行快速的模具设计，主要支持以下 3 种设计关系：

(1) 以钣金件为基础创建钢带布局。PDX 可由 Pro/E 创建的原始钣金件或根据导入的几何形状创建零件，从而创建钢带布局。

(2) 基于钢带布局创建模具工件。

(3) 创建绘图、物料清单(BOM)、孔图表和其他信息。

4.2　Pro/E 设计冲裁模具实例

下面以一种简易多功能扳手为例进行 Pro/E 冲裁模设计，扳手工件图如图 4.1、图 4.2 所示。

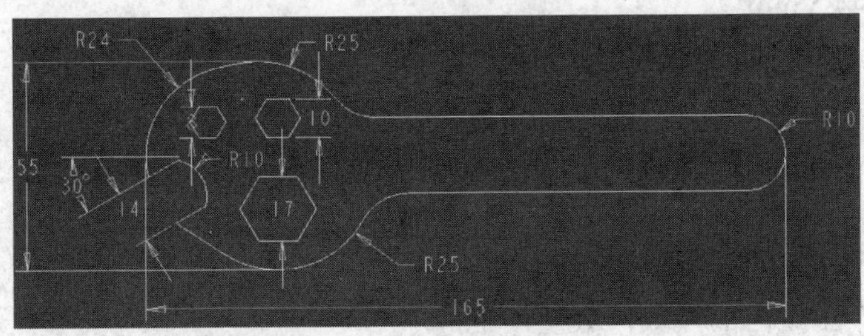

图 4.1　扳手工件二维视图

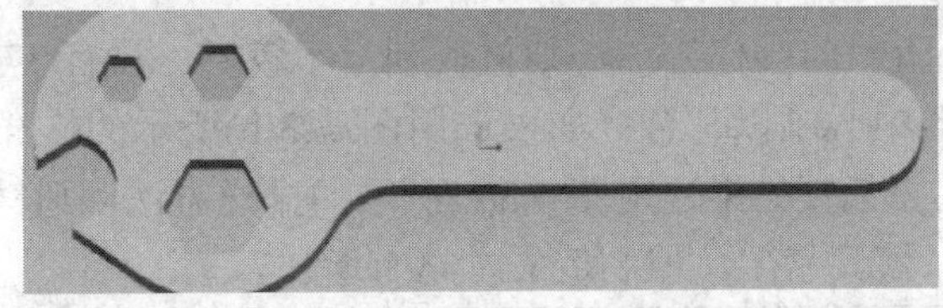

图 4.2　扳手工件三维视图

4.2.1　冲压件的工艺性分析

工件名称：简易多功能扳手

生产批量：中批量

材料：08 钢

厚度：3 mm

该工件为简单的冲裁件，只有冲孔和落料两个工序。零件材料为 08 钢，冲压性能良好，零件结构简单，有 3 个正六边形孔以及 1 个半椭圆缺口。而且孔和边缘、孔和孔之间的距离满足冲裁要求。工件尺寸为自由公差，为 IT14 级，尺寸精度不高，可用普通冲裁生产。

该工件可选用单工序冲裁、级进冲裁或者复合冲裁 3 种冲裁方案。单工序模虽然制造及调整都比较简单，但是单工序模会大大降低生产效率，而且零件为中批量生产，模具制造成本会增加；如果采用复合模，得到的工件的精度和平整度较高，而且生产效率也会成倍地增长，但是工件孔间距小，模具强度、刚度并不能得到保证，另外复合模具的制造成

本偏高；采用级进模生产，取件、排除废料比较容易，生产效率高，操作也比较简单，便于实现自动化，设计制造模具较容易。通过简单分析，本实例中该零件的冲裁采用级进模进行。

4.2.2 工艺计算

1. 排样与搭边设计

合理的排样直接关系到冲模生产成本，因此，合理的排样能有效提高材料利用率、降低成本。本工件采取如图 4.3 所示的排样方法。

打开 Pro/E，执行“分析—度量—面积”命令，选择扳手上表面，可以得到扳手上表面的表面积 $A = 4044.5\ \text{mm}^2$。

参考《冲压模具简明设计手册》，根据工件尺寸及厚度，选择工件间搭边值为 3.5 mm，沿边值为 4 mm。一个工距的材料利用率 η 可按下式进行计算：

$$\eta = \frac{NA}{BS} \times 100\% \tag{4.1}$$

式中：A——单个冲裁件的面积，mm^2；

N——单个工距内的冲裁件数量，个；

B——条料宽度，mm；

S——工距，mm。

如果选用图 4.3(a)所示的排样方法，则材料利用率较低，只有 37.1%，且模具长而窄，冲裁时压力中心与机器中心难以重合；如果选用图 4.3(b)所示的排样方法，则材料利用率也是 37.1%，材料利用率低；如果选用图 4.3(c)所示的排样方法，则材料利用率为 60%，材料的利用率大大提高，模具紧凑，但制造成本略有增加。

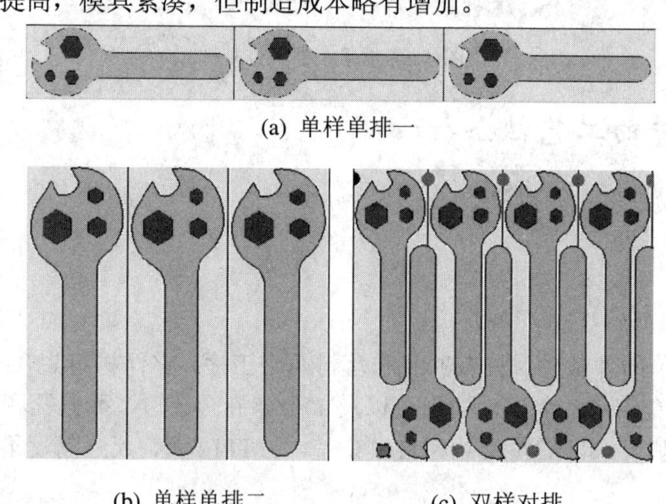

(a) 单样单排一

(b) 单样单排二　　(c) 双样对排

图 4.3　工件的排样

2. 冲裁力计算

冲裁力是凸模下压使工件与板料分离所需的力，与材料力学性能参数、厚度以及零件周长等有关。冲裁力是设计模具以及选择压力机的重要参数，因此，计算冲裁力能合理地进行模具设计及选取冲压设备。

用平刃冲裁模冲裁，冲裁力可按下式计算：

$$F = KLT\tau \tag{4.2}$$

式中：F——冲裁力，N；

K——系数；

L——冲裁件周长，mm；

T——板料厚度，mm；

τ——材料抗剪强度，N/mm^2。

考虑到刃口磨损、凸凹模间隙波动、材料力学性能变化以及冲裁厚度变化等因素的影响，取系数 $K = 1.3$ 加以修正。

由《冲压模具简明设计手册》查阅可知，取 $\tau = 245$。

使用 Pro/E 中的长度查询功能，执行“分析-度量-长度”，依次选择各边，可得出工件整体周长 L=523.3994 mm，将这些参数代入公式(4.2)，即可得到单个工件的冲裁力。

冲孔：

$$F_1 = 1.3 \times 121.2435 \times 3 \times 245 = 115.848\ \text{kN}$$

落料：

$$F_2 = 1.3 \times 402.1559 \times 3 \times 245 = 384.259\ \text{kN}$$

故

$$F = F_1 + F_2 = 500.1\ \text{kN}$$

3. 卸料力和推件力的计算

影响卸料力和推件力的因素较多，诸如材料的机械性能、材料厚度、模具间隙、零件尺寸形状以及润滑条件等。因此要准确计算这些力非常复杂和困难，生产中一般用以下的经验公式来进行计算。

卸料力：

$$F_{Q1} = K_{Q1}F \tag{4.3}$$

推件力：

$$F_{Q2} = nK_{Q2}F \tag{4.4}$$

式中：n——同时卡在凹模洞口内的工件数，个；

F——冲裁力，N；

K_{Q1}、K_{Q2}——卸料力、推件力系数。

根据表 4.1，取卸料力系数 $K_{Q1} = 0.03$，推件力系数 $K_{Q2} = 0.045$，因为采用图 4.3(c)所示的排样，所以 $n = 2$，则 $F_{Q1} = 0.03 \times 500.1 = 15$ kN，$F_{Q2} = 2 \times 0.045 \times 500.1 = 45$ kN。

表 4.1　卸料力和推件力系数

材料	料　厚/mm	K_{Q1}	K_{Q2}
钢	～0.1	0.065～0.075	0.1
	>0.1～0.5	0.045～0.055	0.063
	>0.5～2.5	0.04～0.05	0.055
	>2.5～6.5	0.03～0.04	0.045
	>6.5	0.02～0.03	0.025

4. 总冲裁力的计算

模具选用刚性卸料，而且采用图 4.3(c)所示的排样方法，故 1 个工距要冲压 2 个工件，所以总冲裁力：

$$F_0 = 2(F + F_{Q1} + F_{Q2}) = 2 \times (500.1 + 15 + 45) = 1120.2\ \text{kN}$$

5. 冲裁压力中心的计算

冲裁时，模具对工件的冲裁力合力中心称为冲裁压力中心。要使冲裁模在冲裁时不产生弯矩，保证冲裁模的正常工作，冲裁压力中心必须与模柄的中心线重合，否则会使压力机滑块与模具发生歪斜，导致凸、凹模间隙不均匀，刃口快速变钝等。因此，计算冲裁压力中心是非常重要的。

因为采用图 4.3(c)所示的排样，所以模具会同时冲裁 2 个零件，以第 1 个工位起始线中点作为原点建立坐标系，如图 4.4 所示。模具为先冲孔后落料，且工件以对称形式进行排样，所以冲孔和落料的压力中心即为对称点，冲孔压力中心坐标为(43.75，0)，落料压力中心坐标为(102.75，0)。而冲裁时冲孔和落料两道工序是同时进行的，此时，冲裁压力中心可按以下公式进行计算：

$$x_0 = \frac{L_1 x_1 + L_2 x_2 + \cdots + L_n x_n}{L_1 + L_2 + \cdots + L_n} = \frac{\sum_{i=1}^{n} L_i x_i}{\sum_{i=1}^{n} L_i} \tag{4.5}$$

$$y_0 = \frac{L_1 y_1 + L_2 y_2 + \cdots + L_n y_n}{L_1 + L_2 + \cdots + L_n} = \frac{\sum_{i=1}^{n} L_i y_i}{\sum_{i=1}^{n} L_i} \tag{4.6}$$

式中：L_i 为工件冲压图形轮廓周长，x_i、y_i 为该形状的压力中心。

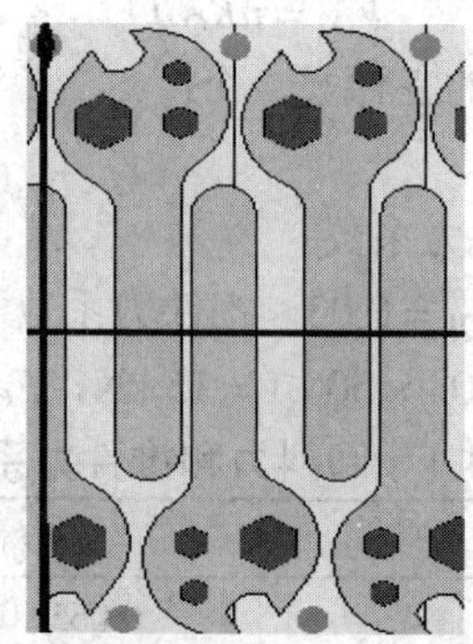

图 4.4　坐标轴的创建

由上文已知冲孔压力中心和落料压力中心坐标，使用 Pro/E 长度分析功能，可得到工件中 3 个正六边形的周长 L_1=121.2435 mm，工件外轮廓周长 L_2 = 402.1559 mm。计算过程为：

$$x_0 = \frac{2\times121.2435\times43.75 + 2\times402.1559\times102.75}{2\times121.2435 + 2\times402.1559} = 89.0828 \approx 89$$

$$y_0 = 0$$

所以，冲裁压力中心坐标为(89，0)。

4.2.3　冲裁模具的设计

1. 扳手的设计

执行菜单栏中的“新建”命令，在弹出的“新建”对话框中(如图 4.5 所示)，类型选择“零件”，子类型选择“钣金件”，去掉勾选“使用缺省模板”，在弹出的对话框中点击选用“mmns_part_sheetmetal”模块，点击“OK”，进入钣金件设计界面。

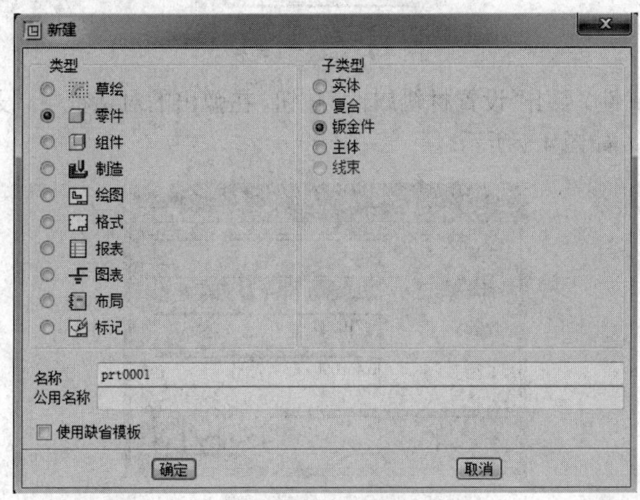

图 4.5　新建模具项目

点击“常见分离的平整面”，选择“FRONT”平面作为基准平面进行草绘，绘制出工件形状，厚度值输入 3，即可得到如图 4.2 所示的工件。至此，工件设计完成。

(1) 打开之前设计好的零件，点击“PDX5.0”→“工件”→“创建工件参照”→“通过合并”，此时会出现指定工件参照对话框，输入工件参照名称“BANSHOU_REG”，单击“确定”，系统提示输入合并工件名称，输入“BANSHOU_MERGE”，单击“确定”。系统提示选取装备坐标系，选择工件默认的坐标系，此时载入的参照工件变为绿色，如图 4.6 所示。

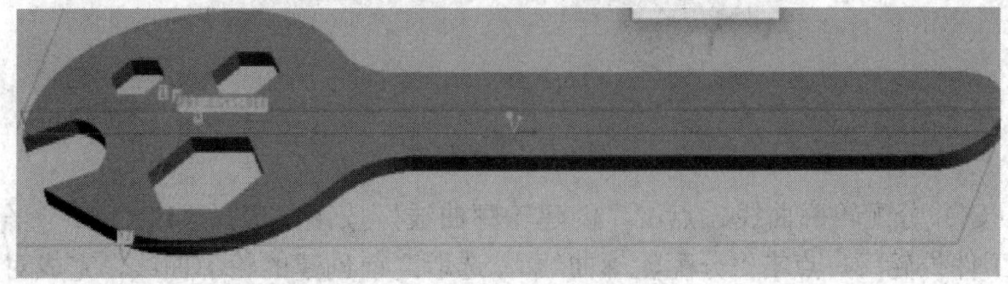

图 4.6　参照工件

(2) 转换为钣金件。将所合并的无特征实体零件转换为钣金件。点击“应用程序”→“钣金件”按钮，会出现如图 4.7 所示的对话框。点击“驱动曲面”按钮，选择工件的底部平面，并输入厚度 3，单击“确定”，完成钣金件转换。

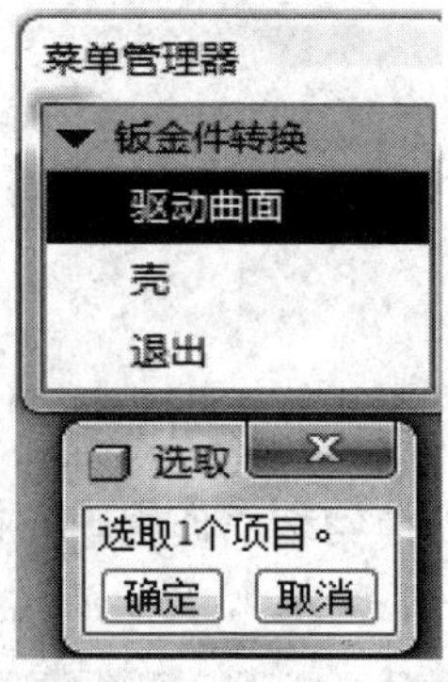

图 4.7　钣金件转换

(3) 设置材料属性。点击“设置材料属性”按钮，在弹出的对话框中，设置材料为“steel”，折弯表为“table3”，如图 4.8 所示。

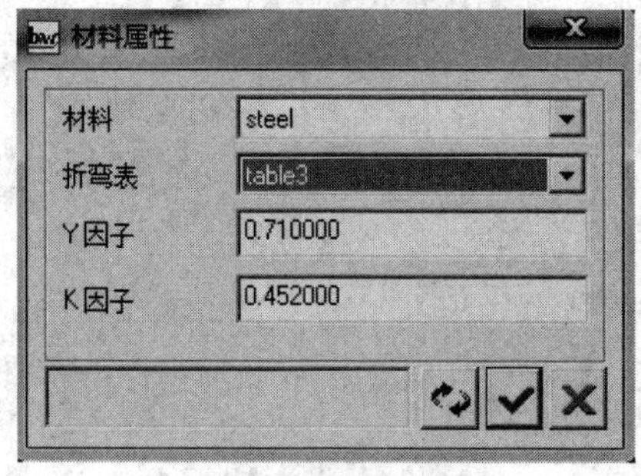

图 4.8　材料属性设置

(4) 准备工件。点击“准备工件”按钮，选择工件底部平面并选择 CS1 坐标系用于装配定位。

(5) 填充工件。点击“填充工件”按钮，系统将会自动填充通孔，如图 4.9 所示。

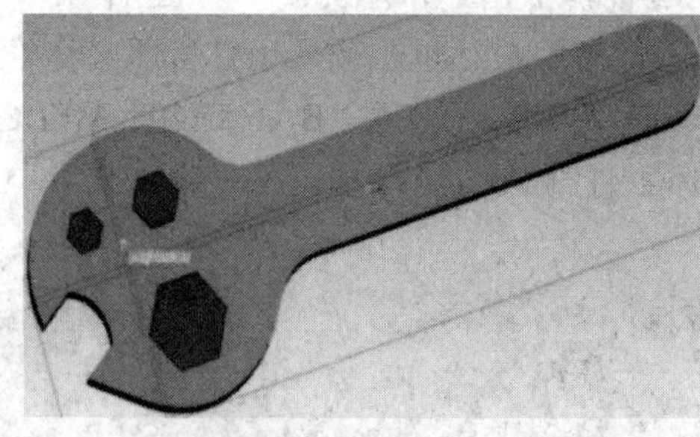

图 4.9　工件填充

(6) 创建并分配轮廓曲线。点击“创建轮廓曲线”按钮，选择“FRONT”平面，系统自动加亮工件外轮廓。点击“分配轮廓曲线”，选取之前创建的轮廓曲线，完成对工件轮廓曲线的创建。

2. 编辑钢带

(1) 点击“钢带”→“编辑钢带”按钮，弹出“钢带向导”对话框，设置“螺距”为59，“宽度”为 260，点击“插入”→“工件”按钮，系统弹出“选择模型”对话框，选择 BANSHOU_REF，单击“确定”。右键点击载入的工件，再点击“放置”按钮，如图 4.10 所示设置其位置参数。完成后在“钢带向导”对话框中点击“编辑”→“复制”按钮复制工件，将工件复制下来，用上述方法，按图 4.11 所示设置相关参数，点击“”按钮。

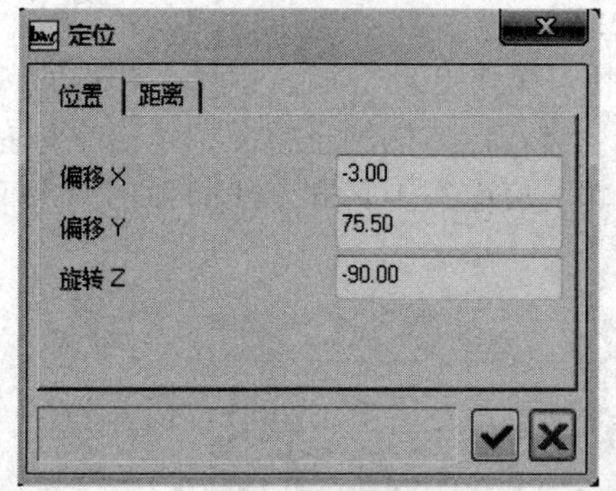

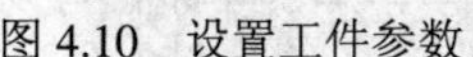
图 4.10 设置工件参数

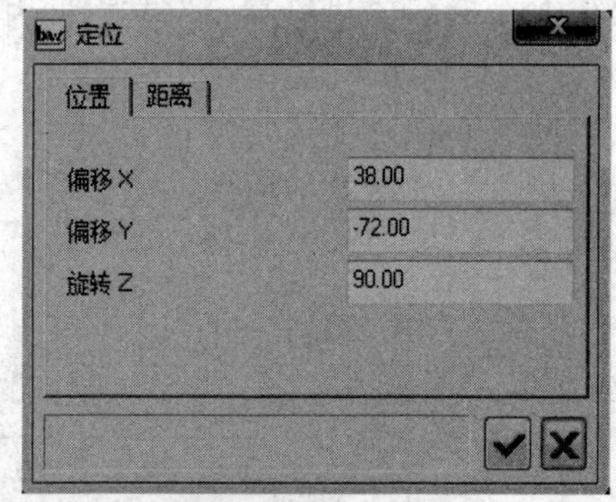

图 4.11 工件参数

(2) 为了使钢带在冲裁过程中能得到准确的定位，应在冲裁冲孔时同时冲 2 个圆形孔，以便在模具中安装定位针使钢带得到准确定位。点击“插入”→“钢带切口阵列”，点击“放置”按钮，按图 4.12 所示设置位置参数，用相同的方法再插入一个切口阵列。

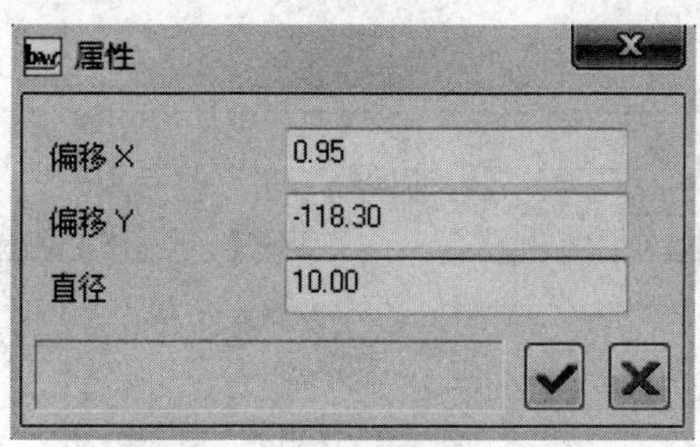

图 4.12 插入切口阵列

单击“”按钮，系统将进行自动调整，得到如图 4.13 所示的钢带布局。单击“确定”，得到如图 4.14 所示的钢带布局效果。

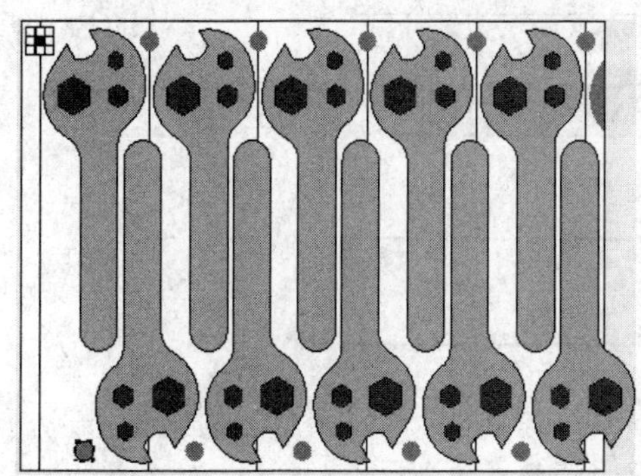

图 4.13 编辑钢带布局

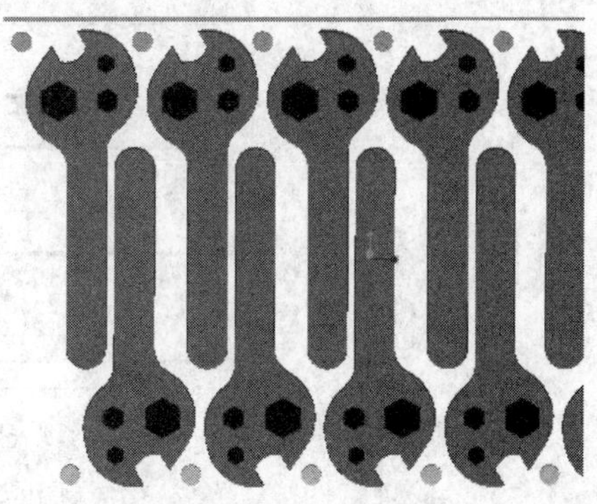

图 4.14 最终钢带布局

3. 新建模具项目

点击(新建模具项目)按钮，在弹出的对话框中，将参数进行相应设置，单击“确定”，系统将自动创建新模具项目，出现一个新坐标系。

1) 定义模板

(1) 点击“定义板”按钮，系统弹出“板向导”对话框，在“工具高度”文本框内输入数值 270，“钢带进给高度”文本框内输入数值 110。

(2) 定义上模座。点击“Top Plate”(上模座)按钮，在弹出的“属性”对话框中，将“长度 X”设为 550，“宽度 Y”设为 400，“厚度”设为 55，在右侧的正视图中单击鼠标左键放置上模座，并拖动上模座，如图 4.15 所示，使其上表面与工具高度线即顶部的水平线对齐。

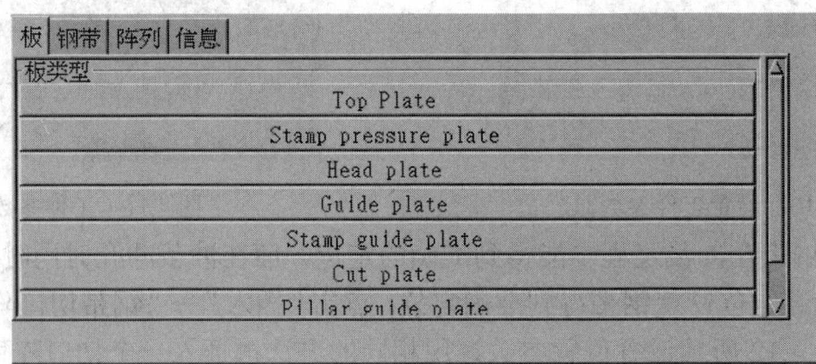

(a) 板类型

属性
Top Plate
长度 X 550
宽度 Y 400
厚度 55
导槽
顶部导槽
底部导槽
材料
顶部导槽
宽度 Y
深度
底部导槽
宽度 Y
深度
确定 取消

(b) 设置板属性

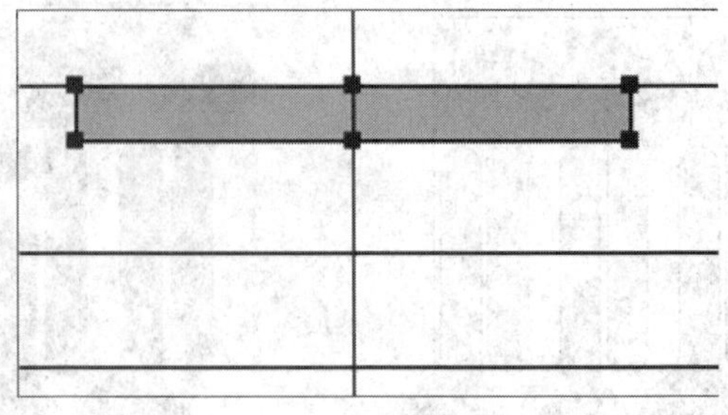

(c) 放置上模座

图 4.15　定义上模座

(3) 定义上模板垫板。点击“Stamp pressure plate”(垫板)按钮，在弹出的“Properties”对话框中，将长度设为 400，宽度设为 315，厚度设为 12。将该板放置于正视图上，如图 4.16 所示，拖动使其上表面与上模座下表面对齐。

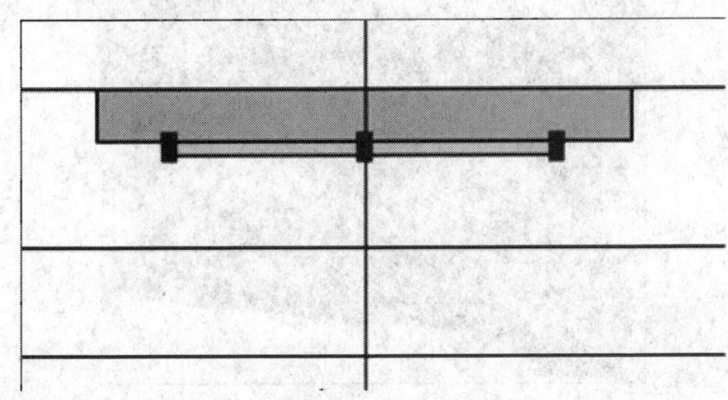

图 4.16　定义上模板垫板

(4) 定义凸模固定板。点击“Head plate”按钮，在弹出的“Properties”对话框中，将长度设为 400，宽度设为 315，厚度设为 32。并用与上述相同的方法使其上表面与上模座垫板下表面对齐。

(5) 定义下模座。点击“Base plate”按钮，在弹出的“Properties”对话框中，将长度设为 550，宽度设为 400，厚度设为 65。并用与上述相同的方法使其下表面与底部水平线对齐。

(6) 定义凹模板。点击“Cut plate”(凹模板)按钮，在弹出的“Properties”对话框中，将长度设为 400，宽度设为 315，厚度设为 45。并用与上述相同的方法使其下表面与下模座上表面对齐。

(7) 定义卸料板。点击“Guide plate”(卸料板)按钮，在弹出的“Properties”对话框中，将长度设为 400，宽度设为 315，厚度设为 16。并用与上述相同的方法使其下表面与凹模板上表面对齐。

完成各模板的设置，效果如图 4.17 所示。点击“确定”，系统自动生成如图 4.18 所示的模板。

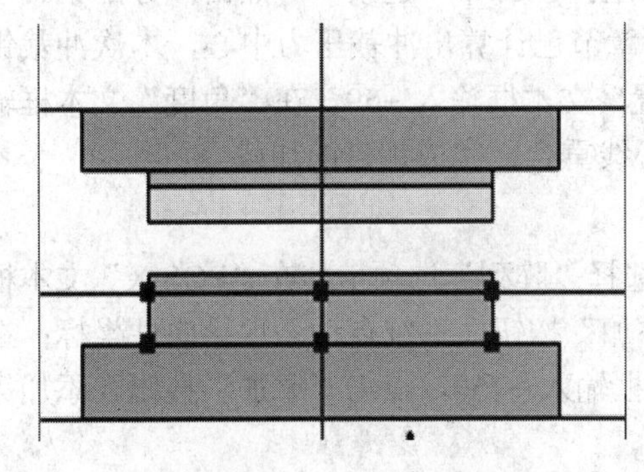

图 4.17　模板总装图

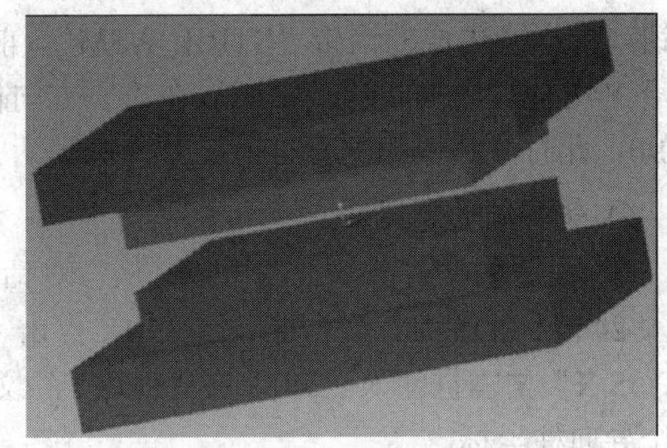

图 4.18　模板三维图

2) 修改上下模座

(1) 修改上模座。选中程序左侧模具项目的上模座组件“PROJ_TOP_PLATE_1.PRT”，点击“激活”按钮，系统将激活上模座，再右键选择该组件，点击“打开”按钮，根据

GB/T2851.1—2008 中对角导柱的标准，在弹出的新窗口中对上模座进行修改。修改后的上模座如图 4.19 所示。

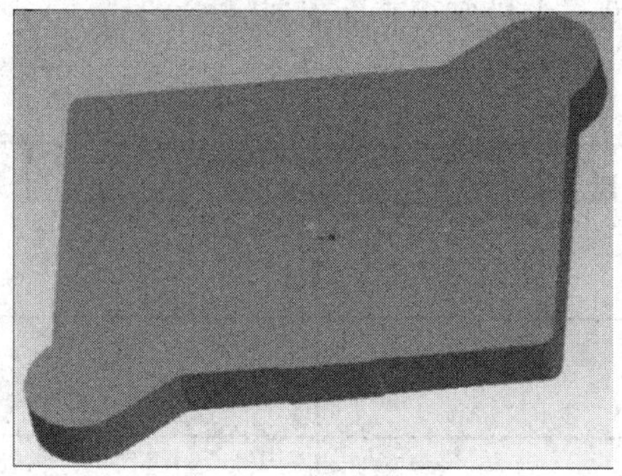

图 4.19　上模座修改

(2) 修改下模座。选中程序左侧模具项目的下模座组件“PROJ_BASE_PLATE_1.PRT”，用上述方法进行下模座的修改，修改后的下模座如图 4.20 所示。

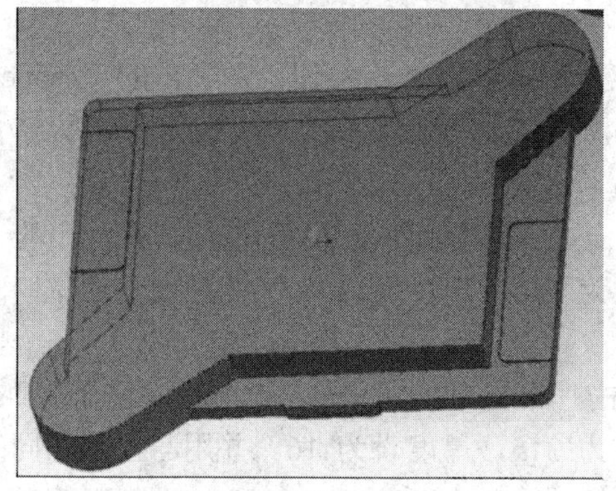

图 4.20　下模座修改

3) 加载钢带

点击“定义钢带”按钮，在弹出的对话框中选择“Strip”选项卡，点击“分配钢带”按钮，选择刚生成的钢带“STRIP_ASM”。前面章节已计算出冲裁压力中心，本次冲裁钢带沿 Y 方向由负向正移动，所以在“Y 方向位置”文本框输入 -59，在“角度”文本框输入 90，此时冲裁压力中心与模架中心即模柄中心线重合，完成钢带的加载。

4) 导向件的创建

(1) 设置导向件阵列。在“定义板”对话框选择“阵列”选项卡，在“POS X”文本框输入 240，“POS Y”文本框输入 150，点击“添加”按钮，系统自动添加导向件坐标；在“POS X”文本框输入 -240，在“POS Y”文本框输入 -150，点击“添加”按钮，添加第二个导向柱坐标。

(2) 创建导柱。点击“PDX5.0”→“元件引擎”→“新建”→“导向件”命令，选择“Strack”(供应商)→“Guide pillars”→“Z 315”，在弹出的对话框中选择导柱的直径 D 为 50，长度 L 为 240，距下模座上表面距离 Offset 为 50，点击“(2)Placement plane”，在出现的模架中选择下模座的上表面，完成导柱的设置。点击“确定”，系统自动生成两个导柱，

如图 4.21 所示。

图 4.21　导柱生成图

(3) 创建导套。点击“PDX5.0”→“元件引擎”→“新建”→“导向件”命令，选择“Strack”→“Guide bushes”→“Z 4491”，在弹出的对话框中选择导套内径 D 为 50，长度 L 为 120，距下模座上表面距离 Offset 为 0，如图 4-22 所示，点击“(2)Placement plane”，在出现的模架中选择上模座的上表面，完成导套的设置。点击“确定”，系统自动生成 2 个导套，如图 4.22 所示。

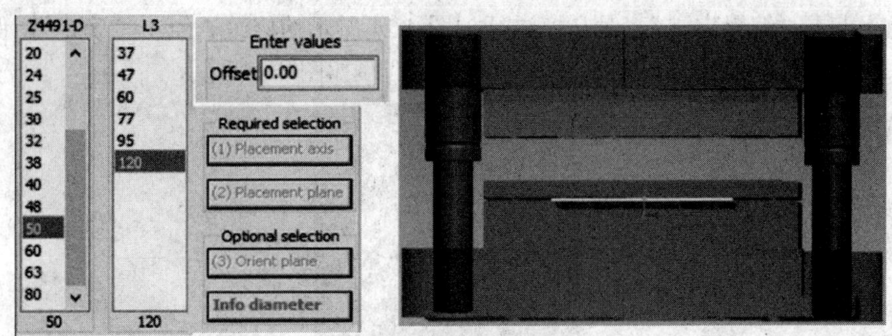

图 4.22　创建导套

5) 创建凸模

(1) 创建圆形冲孔凸模。右键点击“STRIP_ASM.ASM”组件，点击“激活”按钮，再点击“打开”按钮，进入钢带的编辑。点击“钢带”→“冲压参照零件”命令，创建已草绘的冲压参照零件，选择创建的钢带切口阵列的前两个圆的轮廓，点击“确定”，输入厚度为 3，即可得到 2 个冲压参照零件，如图 4.23 所示。关闭编辑钢带的对话框，退回到程序主界面。

图 4.23　创建冲压参照零件

点击“PDX5.0”，选择“元件引擎”→“新建”→“压印”，在弹出的对话框中选择“Round cut stamps”→“Strack”→“Stamp unit round”，系统将会弹出凸模参数设置对话框。点击“(1)Placement point”按钮，选择刚才设置的冲压参照零件，即“PNT0”点，系统自动完成对其他模板的选取。选择“Stamp type”选项框里的“4.Stamp stepped-cyl.head”，弹出对话框，进行参数设置；选择“Guide bush type”选项框里的“3.Through hole”，弹出对话框，进行参数设置；选择“Cut gush type”选项框里的“5.Draft through hole”，弹出对话框，设置参数，点击“确定”，系统自动生成凸模。

但是，上一步选择的凸模长度为 80，对于该模具，长度过长，不符合要求。凸模长度可按公式(4.7)求出：

$$L = L_1 + L_2 + L_3 + t \tag{4.7}$$

式中：L_1——凸模固定板厚度，mm；

L_2——卸料板厚度，mm；

L_3——附加长度，一般为 15～20 mm；

t——材料厚度，mm。

所以，该凸模长度 $L = 32 + 16 + 20 + 3 = 71$ mm，要对刚生成的凸模进行手工修正。右键点击刚生成的凸模，点击“打开”，再右键点击“激活”→“打开”，右键点击凸模的“旋转”功能，点击“编辑定义”，对凸模进行如图 4.24 所示的修改。点击“确定”，保存该零件并删除旧版本，系统自动生成凸模，修改后的凸模如图 4.24 所示。

图 4.24　凸模修改

点击“PDX5.0”→“元件引擎”→“创建现有元件”，选择刚创建的凸模，再选择另一个冲压参照零件，点击“确定”，系统自动完成凸模的复制和创建，最终得到如图 4.25 所示的凸模。

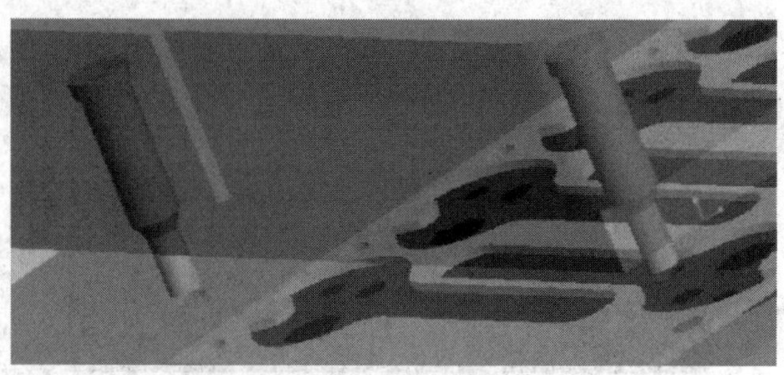

图 4.25　凸模的复制和创建

(2) 正六边形凸模的创建。选择上模板、上模板垫板、凸模固定板、卸料板，选择“表示”中的“排除”。点击“PDX5.0”，选择“元件引擎”→“新建”→“压印”，在弹出的对话框中选择“Contoured cut stamp”→“simple”，系统弹出凸模设置对话框，选择“(1)Stamp ref top”→点击第一个较大的正六边形，在设置参数中将长度 L 设为 71，其他参数按照设计内容进行修改，点击“确定”，系统自动生成凸模，如图 4.26 所示。

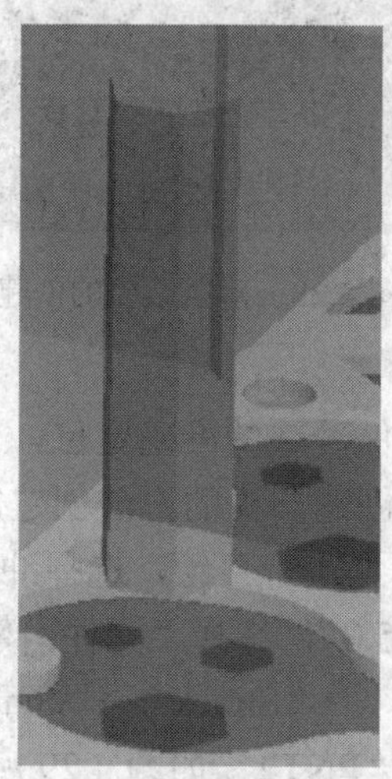

图 4.26 正六边形凸模的创建

点击“PDX5.0”→“元件引擎”→“创建现有元件”，选择刚创建的凸模，再选择另一个与其相对应的正六边形，点击“确定”，系统自动完成凸模的复制和创建。同理，以相同的方法创建 6 个正六边形的冲孔凸模，如图 4.27 所示。

图 4.27 凸模的复制和创建

(3) 创建落料凸模。点击“PDX5.0”，选择“元件引擎”→“新建”→“压印”，在弹出的对话框中选择“Contoured cut stamp” →“simple”，系统弹出凸模设置对话框，选择“(1)Stamp ref top”→点击第二个工位的第一个扳手外轮廓，在设置参数中将长度 L 设为 71，其他设置与图 4.26 相同，点击“确定”，系统自动生成落料凸模，以相同的方法为第 2 个工位的第 2 个扳手设置落料凸模，图 4.27 所示为所生成的落料凸模。凸模创建完成后的布局效果如图 4.28 所示。

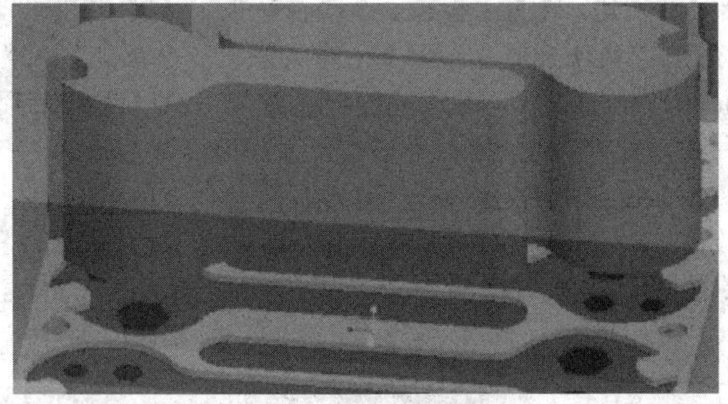

图 4.28　落料凸模的创建

6) 创建定位针

钢带在移动时，使用定位针确保冲裁的准确定位，但是这里所使用的 PDX5.0 软件没有定位针的引擎，所以本实例使用创建凸模的方法创建定位针。点击“Sketched”(通过草绘创建基准点)，在“TOP”平面上进行草绘，选择冲压参照阵列的第二个圆的圆心作为基准创建两个基准点。点击“PDX5.0”，选择“元件引擎”→“新建”→“压印”，在弹出的对话框中点击“Round cut stamps”→“Strack”→“Stamp unit round”，点击“(1)Placement point”按钮，选择刚才设置的基准点“PNT2”，如图 4.29 所示。在弹出的对话框中选择“Stamp type”选项框里的“3.Stamp straight-cyl.head”，弹出对话框，选择直径 D 为 10，长度 L 为 80→选择“Guide bush type”选项框里的“3.Through hole”，弹出对话框，将 D 设置为 10→选择“Cut gush type”选项框里的“5.Through hole”，弹出对话框，将 D 设置为 10。对生成的凸模进行手工修正，右键点击刚生成的凸模，点击“打开”，再右键点击“激活”→“打开”，右键点击凸模的“旋转”功能，点击“编辑定义”，进行如图 4.30 所示的草绘修改，点击“确定”，保存零件并删除旧版本，从而得到修改后的定位针。

图 4.29　设置基准点

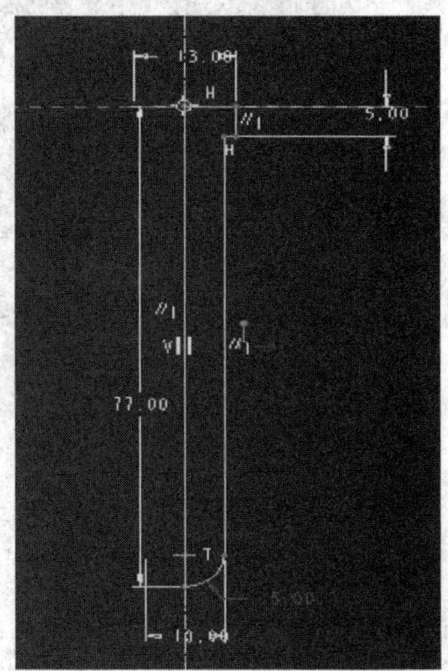

图 4.30　草绘修改定位针

点击“PDX5.0”→“元件引擎”→“创建现有元件”，选择刚创建的定位针，再选择刚创建的基准点“PNT7”，点击“确定”，系统自动完成定位针的复制。生成的定位针如图

4.31 所示。

图 4.31　生成定位针

7) 设置螺钉

点击 “Sketched”，在“TOP”平面上进行草绘，草绘时选取 6 个点作为基准点。点击“PDX5.0”→“螺钉”→“新建”→“On Existing Points”，根据系统的提示选择刚创建的基准点，再选择上模座的上表面和上模座的下表面，此时弹出螺钉设置对话框，对螺钉尺寸、形式进行设置，点击“确定”，系统自动生成顶部螺钉。

同理点击 “Sketched”，以下模座下表面为基准平面进行草绘，草绘时选取 6 个点的面对称点作为基准点。点击“PDX5.0”→“螺钉”→“新建”→“在现有点上”，根据系统的提示选择刚创建的基准点，再选择下模座的下表面和下模座的上表面，此时弹出螺钉设置对话框，系统生成的顶部和底部螺钉如图 4.32 所示。

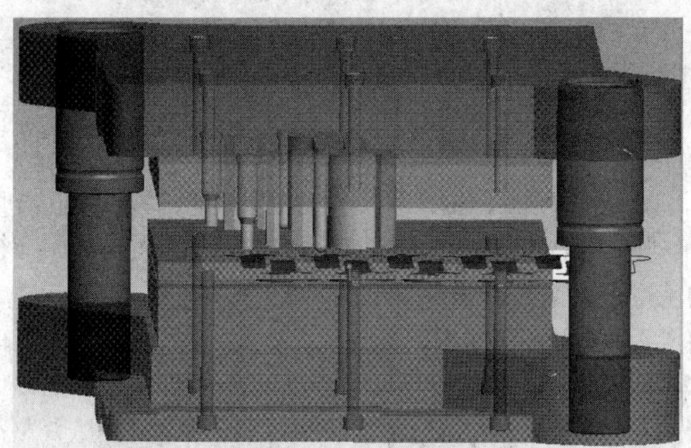

图 4.32　顶部及底部螺钉生成

8) 销钉的放置

点击 “Sketched”，以“上模座表面”平面为基准平面进行绘图工作，选取如图 4.33 所示的 2 个对称点作为基准点。点击“PDX5.0”→“销钉”→“新建”→“在鼠标拾取的点上”，选择刚才创建的基准点。系统弹出销钉设置对话框，选择“Z25”类型，直径为 10，长度为 80，点击“确定”，系统将提示选取参照面，选取上模座上表面，再点击“确定”，

系统自动生成两个顶部销钉，如图 4.34 所示。

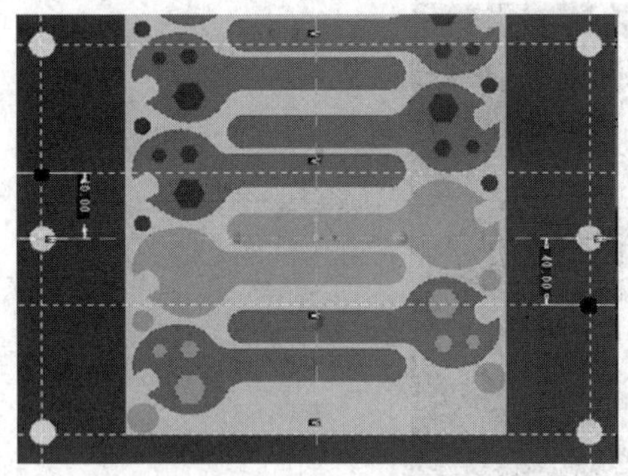

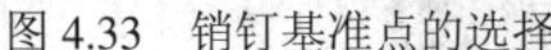

图 4.33　销钉基准点的选择

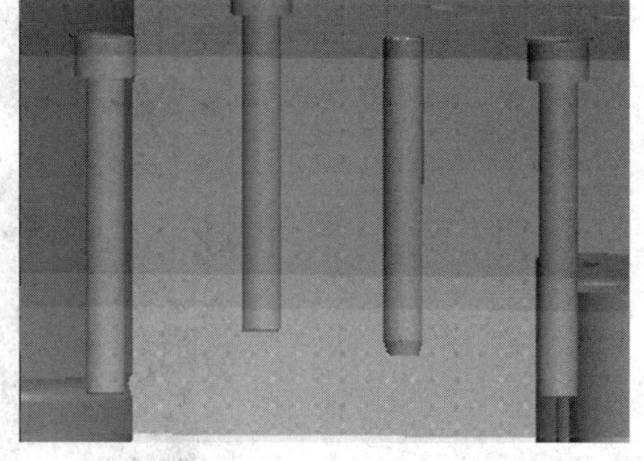

图 4.34　顶部销钉生成图

点击 “Sketched”，以下模座下表面作为基准面进行草绘，选取与图 4.35 对称的 2 个对称点作为基准点，点击“PDX5.0”→“销钉”→“定义”→“On existing points”，选择刚才创建的基准点。系统弹出销钉设置对话框，选择“Z25”类型，直径为 10，长度 90，点击“确定”，系统将提示选取参照面，选取下模座下表面，再点击“确定”，系统自动生成两个底部销钉，系统生成的销钉如图 4.35 所示。

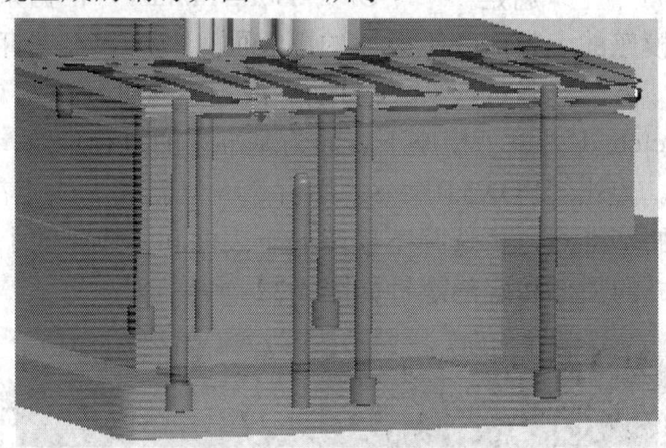

图 4.35　销钉生成图

挡料销的放置，点击 “Sketched”，以凹模板上表面作为基准面进行草绘，并选取图 4.36 的 2 个对称点作为基准点，点击“PDX5.0”→“Pins”→“Define”→“On existing points”，选择图 4.36 创建的基准点，系统弹出销钉设置对话框，选择“Z25”类型，直径为 10，长度为 24，点击“确定”，系统将提示选取参照面，选取凹模板上表面，再点击“确定”，系统自动生成两个挡料销钉，如图 4.37 所示。

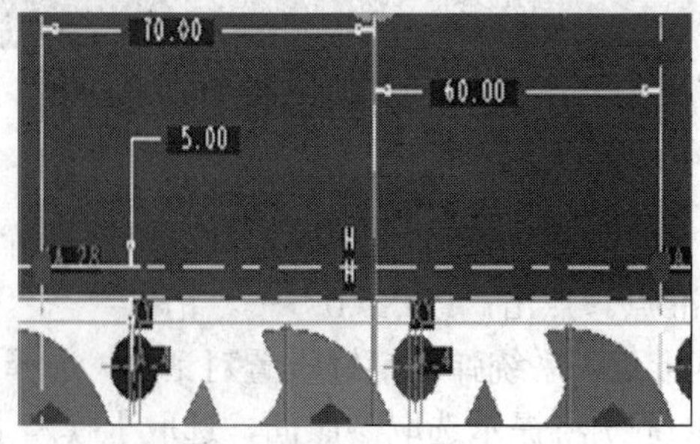

图 4.36　挡料销钉基准点的选择

图 4.37　挡料销钉的生成

9) 创建弹簧

点击 “Sketched”，以卸料板上表面为基准平面进行草绘，选取图 4.38 所示的 4 个对称点作为基准点。点击“PDX5.0”，选择“元件引擎”→“新建”→“设备”，选择“Strack”→“Springs”(弹簧)→“Compression spring”(压簧)，系统弹出弹簧设置界面，点击“(1)Placement axis/point”→选择刚创建的基准点→点击“(2)Start plane”→选择卸料板上表面→点击“(3)End plane”→选择凸模固定板下表面。

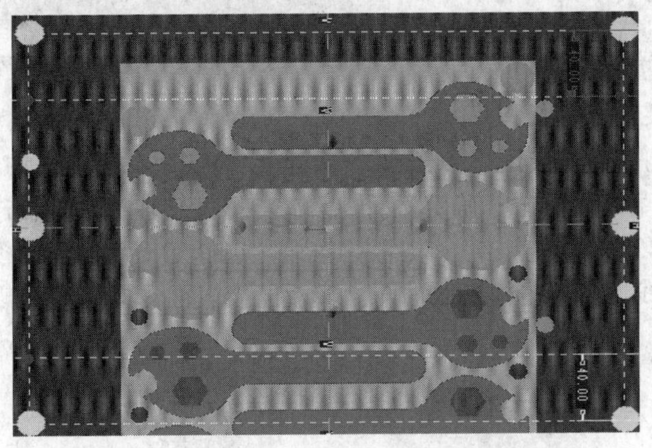

图 4.38　创建弹簧基准点

其他设置如图 4.39 所示。系统自动生成的弹簧如图 4.40 所示。

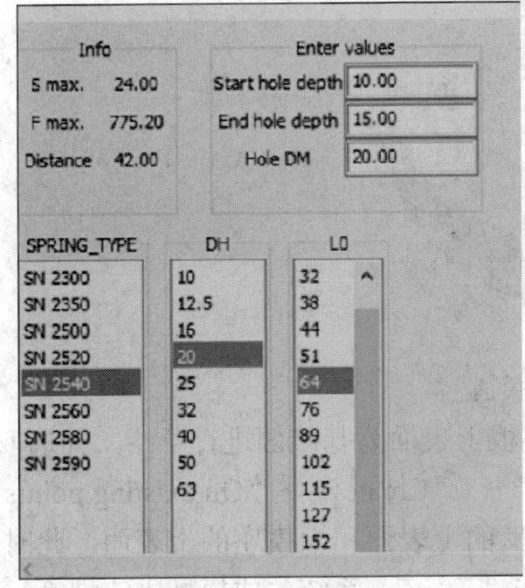

图 4.39　弹簧参数设置

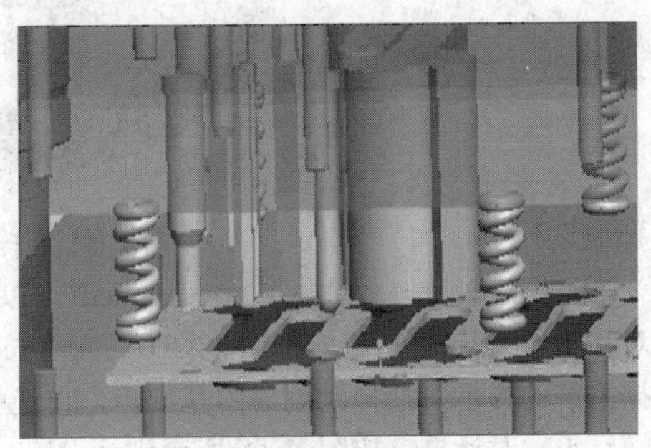

图 4.40　系统生成弹簧

10) 创建弹簧导柱

点击“PDX5.0”，选择“元件引擎”→“新建”→“设备”，选择“Strack”→“Springs”→“Guide bolt”，系统弹出弹簧导柱设置对话框。点击“(1)Placement axis/point”→选择创建弹簧所使用的基准点→点击“(2)Placement plane”→选择卸料板上表面，其他设置如图 4.41 所示，点击“确定”，系统自动生成弹簧导柱，如图 4.42 所示。

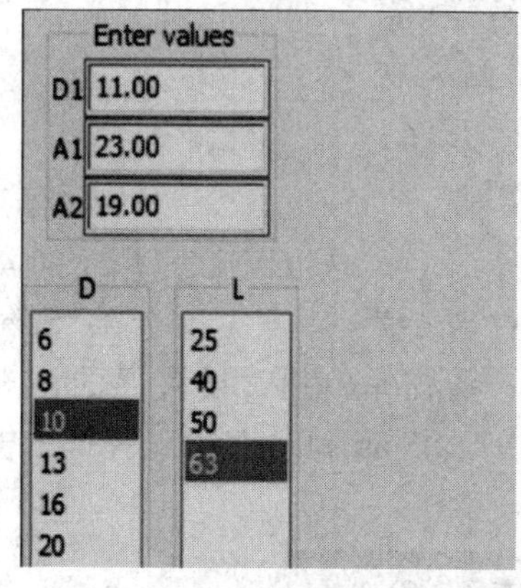

图 4.41　弹簧导柱参数设置

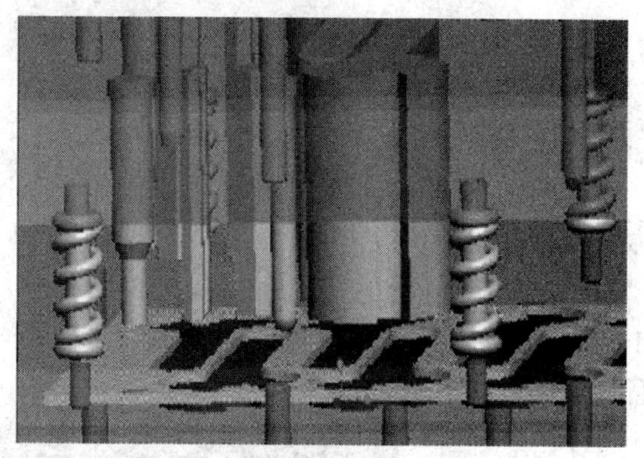

图 4.42　系统生成弹簧导柱

11) 模柄的创建、装配与固定

(1) 模柄零件的创建与装配。点击 (新建元件)按钮，使用文件名“mobing”，使用“Front”平面进行草绘，点击“确定”，再点击 (旋转)按钮，点击“保存”，即完成模柄的创建，如图 4.43 所示。点击 (组装)按钮，选择上一步创建的模柄零件，点击模柄中轴和模具的中轴线，再点击模柄底面与上模板的上表面，即将模柄零件组装到了模具组件中。

图 4.43　旋转生成模柄

(2) 模柄的固定。点击 “Sketched”，以卸料板上表面为基准面进行草绘，并选取 4 个对称点作为基准点。点击“PDX5.0”→“Screws”→“Create”→“On existing points”，根据系统的提示，选择刚创建的基准点，再选择模柄的上表面和上模座的上表面，此时弹出螺钉设置对话框，按图 4.44 所示进行设置，点击“确定”，系统生成模柄固定螺钉，如

图 4.45 所示。

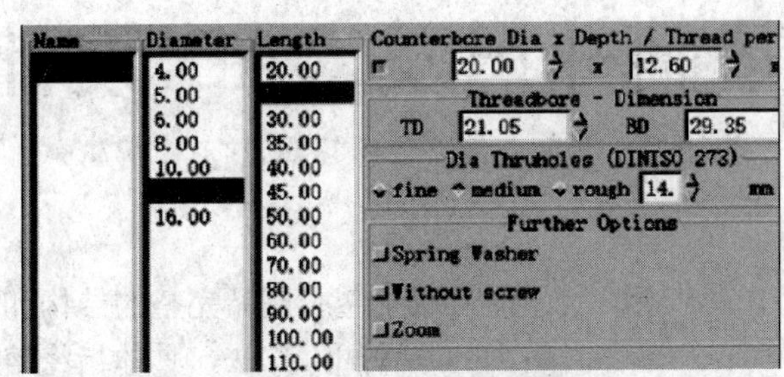

图 4.44　设置模柄上螺钉参数

图 4.45　生成模柄固定螺钉

至此，冲裁模的设置已全部完成，完成的冲裁模具如图 4.46 所示。

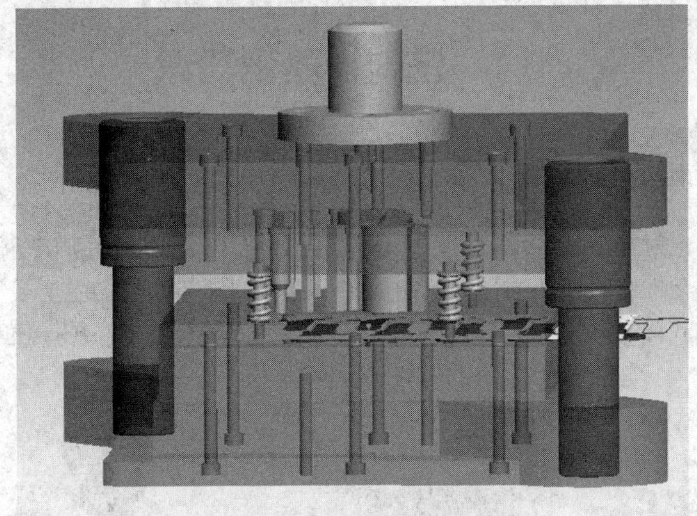

图 4.46　冲裁模具图

第 5 章　注射模基础知识及 CAD 设计

注射模是一种常见的模具，主要用于生产塑胶制品，可赋予塑胶制品完整的结构和精确的尺寸。注射成型是批量生产某些形状复杂部件时用到的一种加工方法，具体指将熔融的塑料由注射机高压射入模腔，经冷却固化后，得到成型品。本章结合一种口杯塑件的模具设计来说明注射模设计的整个过程。

5.1　注射模基础知识

5.1.1　注射机的组成及工作原理

注射机又名注射成型机或注塑机，一种常见的注射机如图 5.1 所示。注射机是利用塑料成型模具将热塑性塑料或热固性塑料制成各种形状的塑料制品的主要成型设备，分为立式、卧式、全电式等。利用注射机能加热塑料，对熔融塑料施加高压，使其射出，从而充满模具型腔。

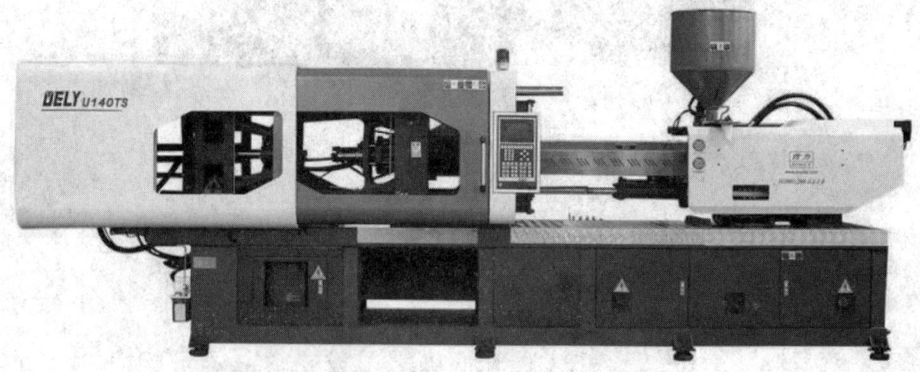

图 5.1　注射机的实物图

1．组成

注射机一般由注射系统、合模系统、液压传动系统、电气控制系统、加热及冷却系统、润滑系统、安全监测系统等组成。

1) 注射系统

注射系统是注射机关键部分，它直接影响塑件质量及整机工作效率。注射系统一般有柱塞式、螺杆式和螺杆预塑柱塞注射式 3 种形式，其中螺杆式应用最为广泛。在注射机的一个工作循环中，注射系统能在规定时间内将一定数量塑料加热塑化后，在一定压力和速度下，通过螺杆将熔融塑料注入模具型腔中。注射结束后，对注射到模腔中的熔料保压定型。注射系统一般由塑化装置和动力传递装置组成。螺杆式注射机塑化装置主要由加料装置、料筒、螺杆、过胶组件和射嘴等部分组成，动力传递装置包括注射油缸、注射座移动油缸以及螺杆驱动装置(熔胶马达)。

2) 合模系统

合模系统的作用是保证模具闭合、开启及顶出制品。同时，在模具闭合后，供给模具足够的锁模力，以抵抗熔融塑料进入模腔产生的模腔压力，防止模具开缝，使制品产生缺陷。合模系统主要由合模装置、机绞、调模机构、顶出机构、前后固定模板、移动模板、合模油缸和安全保护机构组成。

3) 液压传动系统

液压传动系统实现注射机按工艺过程所要求的各种动作提供动力，并满足注射机各部分所需压力、速度、温度等要求。它主要由各种液压元件和液压辅助元件组成，其中油泵和电机是注射机的动力来源。各种阀体控制油液压力和流量，从而满足注射成型工艺各项要求。

4) 电气控制系统

电气控制系统与液压传动系统合理配合，可实现注射机的工艺过程要求(压力、温度、速度、时间)和各种程序动作。该系统主要由电器、电子元件、仪表、加热器、传感器等组成。一般有 4 种控制方式，即手动、半自动、全自动和调整。

5) 加热及冷却系统

加热及冷却系统用来加热料筒及注射喷嘴，注射机料筒一般采用电热圈作为加热装置，安装在料筒外部，并用热电偶分段检测。热量通过筒壁导热为物料塑化提供热源。冷却系统主要用来冷却油温，油温过高会引发多种故障。另一处需要冷却的位置在料管下料口附近，冷却的目的是防止原料在下料口熔化，避免原料不能正常下料。

6) 润滑系统

润滑系统是为注射机的动模板、调模装置、连杆机铰、射台等处有相对运动的部位提供润滑条件的回路，可减少能耗，延长零件寿命。润滑可以是定期手动润滑，也可以是自动电动润滑。

7) 安全监测系统

注射机的安全装置主要是用来保护人、机安全的装置，主要由安全门、安全挡板、液压阀、限位开关、光电检测元件等组成，实现电气—机械—液压的联锁保护。

监测系统主要对注射机油温、料温、系统超载，以及工艺和设备故障进行监测，发现异常情况及时进行指示或报警。

2. 工作原理

注射机工作原理与打针用注射器相似，如图 5.2 所示，借助螺杆(或柱塞)推力，将已塑化好的熔融状态(即粘流态)塑料注射入闭合模腔内，经固化定型后获得制品。注射成型是一个循环过程，主要包括：定量加料、熔融塑化、施压注射、充模冷却、启模取件。取出

塑件后再闭模，进行下一个循环。烘干的塑料颗粒通过注射机料斗进入注射机料筒，在加热器和螺杆旋转产生的剪切热共同作用下成为熔融态。熔融态塑料在成型机机头部分聚集，计量，螺杆停止转动，改为平动，挤压塑料熔体。塑料在压力作用下进入模具浇注系统，然后流到模具成型型腔各部分并保压一定时间，在模具本身热传导和外加冷却系统共同作用下冷却凝固。冷却结束后，打开模具，成型机顶出系统将塑件顶出，同时成型机螺杆后退开始下一次熔融塑料计量。

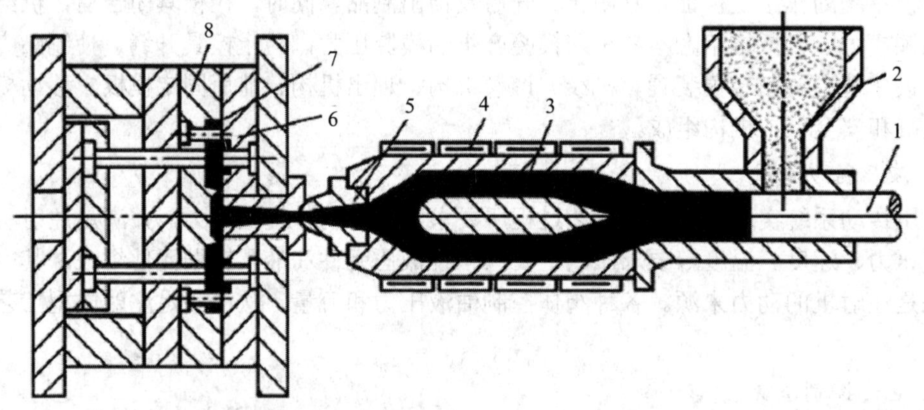

1—柱塞；2—料斗；3—粉料梭；4—加热器；5—喷嘴；6—定模板；7—塑件；8—动模板

图 5.2　注射机工作原理

5.1.2　注射模的基本组成及相关计算

1. 注射模的基本组成

注射模可以分为定模和动模两大部分。定模部分固定在注射机的固定模板(定模固定板)上，在注射成型过程中始终保持静止。动模部分则固定在注射机的移动模板(动模固定板)上，在注射成型过程中可随注射机上合模系统运动。注射成型开始时，合模系统带动动模向定模移动，并在分型面处与定模对合，其对合精确度由合模导向机构保证。动模和定模对合后，固定在定模中的型腔与固定在动模板上的型芯构成与制品形状和尺寸一致的闭合模腔。模腔在注射成型过程中可被合模系统提供的合模力锁紧，以避免它在塑料熔体压力作用下涨开。注射机从喷嘴中注射出的塑料熔体经由开设在定模中央的主流道进入模具，再经由分流道和浇口进入模腔，待熔体充满模腔并经过保压、补缩和冷却定型后，合模系统便带动动模后撤复位，从而使动模和定模两部分从型面处开启。当动模后撤到一定位置时，安装在其内部的顶出脱模机构，将会在合模系统中的推顶装置作用下与动模其他部分产生相对运动，于是制品和浇口及流道中凝料会被它们从型芯上以及从动模一侧的分流道中顶出而脱落，就此完成一次注射过程。注射模的基本组成如图 5.3 所示。

模具主要功能结构包括成型零部件(型腔和型芯)、合模导向机构、浇注系统(主、分流道和浇口)、顶出脱模机构、温度调节系统(冷却水通道)以及支承零部件(定、动模座，定、动模板，支承板)等，注射模还须设置排气机构、侧向分型与侧向抽芯机构。

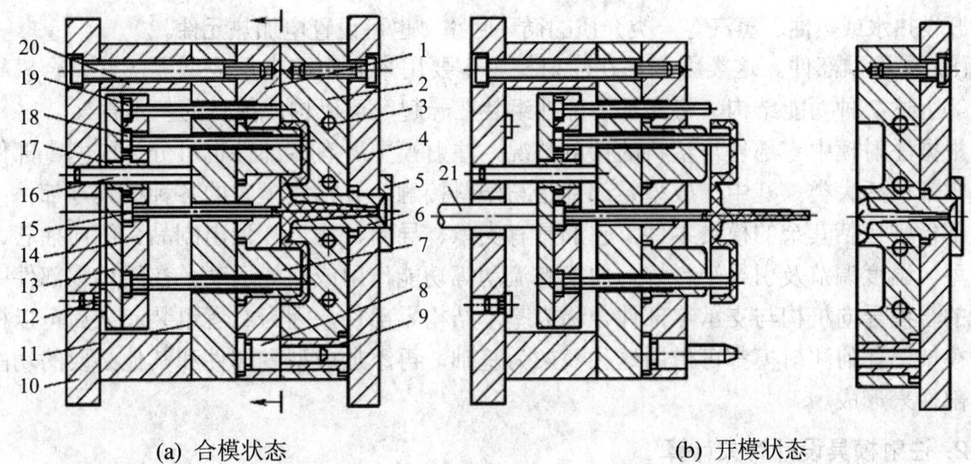

(a) 合模状态　　(b) 开模状态

1—动模板；2—凹模；3—冷却水通道；4—定模底板；5—定位环；6—主流道衬套；7—型芯；8—导柱；9—导套；10—动模安装板；11—动模垫板；12—销钉；13—推杆固定板；14—推板；15—拉料杆；16—推板导柱；17—推板导套；18—顶料杆；19—复位杆；20—支撑板；21—注射机顶杆

图 5.3　注射模的基本组成

一般地，注射模由 8 大功能结构组成：

(1) 成型零部件。这些零部件主要决定制品几何形状和尺寸，如型芯决定制品内形，而型腔决定制品外形。

(2) 合模导向机构。这种机构主要用来保证动模和定模两大部分或者模具中其他零部件(如型芯和型腔)之间准确对合，以保证制品形状和尺寸精确度，并避免模具中各种零部件发生碰撞和干涉。

(3) 浇注系统。该系统是将注射机注射出的塑料熔体引向闭合模腔的通道，对熔体充模时的流动特性以及注射成型质量等具有重要影响。浇注系统通常包括主流道、分流道、浇口、冷料穴及拉料杆。其中，冷料穴的作用是收集塑料熔体前锋冷料，避免它们进入模腔而影响塑件质量和制品性能。拉料杆除了能用其顶部端面构成冷料穴的部分几何形状之外，还能在开模时将主流道中凝料从主流道中拉出。

(4) 顶出脱模机构。该机构是将塑料制品拖出模腔的装置，其形式很多，最常用的顶出零件有顶杆、顶管和推板等。

(5) 侧向分型与侧向抽芯机构。当塑料制品带有侧凹或侧孔时，在开模顶出制品之前，必须先把成型侧凹或侧孔的瓣合模块或侧向型芯从制品中脱出，侧向分型与侧向抽芯机构就是为了实现这类功能而设置的一套侧向运动装置。

(6) 排气机构。注射模中的排气机构是为了在塑料熔体充模过程中排除模腔中的空气和塑料本身挥发出的各种气体，以免造成成型缺陷。排气机构可以是排气槽，也可以是模腔附近一些间隙。

(7) 温度调节系统。在注射模中设置该系统是为了满足注射成型工艺对模具温度要求，保证塑料熔体充模和制品固化定型。如果成型工艺需要对模具进行冷却，一般可在模腔周围开设由冷却水通道组成的冷却水循环回路。如果成型工艺需要对模具加热，则模腔周围

必须开设热水或热油、蒸汽等一类介质的循环回路，也可设置电加热元件。

(8) 支承零部件。这类零部件在注射模中主要用来固定和支承成型零部件、合模导向机构等上述 7 种功能结构，将支承零部件组装在一起，可以构成模具的基本骨架。

根据注射模中零部件与塑料的接触情况，注射模中所有零部件也可分为成型零部件和结构零部件两大类。其中，成型零部件指与塑料接触，并构成模腔的各种模具零部件；结构零部件则包括其余的模具零件，它们具有支承、导向、排气、顶出制品、侧向抽芯、侧向分型、温度调节及引导塑料熔体向模腔流动等功能作用或功能运动。在结构零部件中，上述的合模导向机构与支承零部件合称为基本结构零部件，因为二者组装起来后可以构成注射模架。任何注射模都可借用这种模架为基础，再添加成型零部件和其他必要的功能结构零部件来形成。

2. 注射模具设计有关计算

1) 型腔型芯工作尺寸计算

塑料在高温熔融态注入模具型腔里，冷却后从模具型腔内取出，由于热胀冷缩现象，冷却后的塑件尺寸小于模具型腔相应的尺寸，因此计算模具型腔尺寸主要考虑的是塑料收缩率问题。另外还有一些相关的公差尺寸。

(1) 凹模工作尺寸计算。凹模是成型塑件外形的模具零件，其工作尺寸属于包容尺寸，在使用过程中凹模的磨损会使得包容尺寸逐渐增大。所以，考虑到模具会受到磨损而对其留有修模余地，同时考虑到装配需要，在设计模具时，包容尺寸尽可能取下限尺寸，尺寸公差取上偏差。

凹模径向尺寸计算公式：

$$L=\left[L_{塑}(1+k)-\frac{3}{4}\Delta\right]+\delta \tag{5.1}$$

式中：$L_{塑}$——塑件外形公称尺寸，mm；

k——塑件的平均收缩率；

Δ——塑件的尺寸公差，mm；

δ——模具制造公差，取塑件相应尺寸公差的 1/3～1/6。

凹模深度计算公式：

$$H=\left[H_{塑}(1+k)-\frac{2}{3}\Delta\right]+\delta \tag{5.2}$$

式中：$H_{塑}$——塑件高度方向的公称尺寸，mm。

(2) 凸模工作尺寸计算。凸模是成型塑件内腔的模具零件，其工作尺寸属于被包容尺寸，在使用过程中凸模的磨损会使被包容尺寸逐渐减小，所以，考虑到模具会受到磨损而对其留有修模余地，同时考虑到装配需要，在设计模具时，被包容尺寸尽可能取上限尺寸，尺寸公差取下偏差。

凸模径向尺寸计算公式：

$$l=\left[l_{塑}(1+k)+\frac{3}{4}\Delta\right]-\delta \tag{5.3}$$

式中：$l_{塑}$——塑件内形公称尺寸，mm。

凸模高度尺寸计算公式：

$$h=\left[h_{塑}(1+k)+\frac{2}{3}\Delta\right]-\delta \tag{5.4}$$

式中：$h_{塑}$——塑件深度方向的公称尺寸，mm。

(3) 模具中的位置尺寸计算。模具中的位置尺寸(如孔的中心距尺寸)计算公式：

$$C=C_{塑}(1+k)\pm\frac{\delta}{2} \tag{5.5}$$

式中：$C_{塑}$——塑件位置尺寸，mm。

2) *型腔壁厚、底板厚度确定*

型腔壁厚、底板厚度的确定，理论上是通过力学刚度和强度公式进行计算。刚度不足将产生过大弹性变形，并产生溢料间隙；强度不足会导致型腔产生塑性变形甚至开裂。

由于注射成型受到温度、压力、塑料特性以及塑件复杂程序等因素影响，所以理论计算并不能完全真实地反映结果。通常模具设计中，型腔厚度及支承板厚度不通过计算确定，而是凭经验确定。表 5.1、表 5.2 中列举了一些经验数据供设计时参考。

表 5.1　型腔侧壁厚度 S 的经验数据

型腔压力/MPa	型腔侧壁厚度 S/mm	
< 29 (压塑)	$0.14L+12$	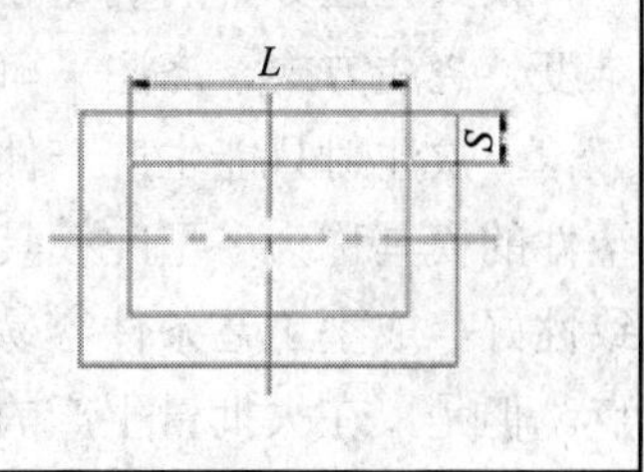
< 49 (压塑)	$0.16L+15$	
< 49 (注射)	$0.20L+17$	

注：型腔为整体式，$L>100$ mm 时，表中值需乘以 0.85～0.9

表 5.2　支承板厚度 h 的经验数据

b/mm	$b\approx L$/mm	$b\approx 1.5L$/mm	$b\approx 2L$/mm	
< 102	(0.12～0.13)b	(0.10～0.11)b	0.08b	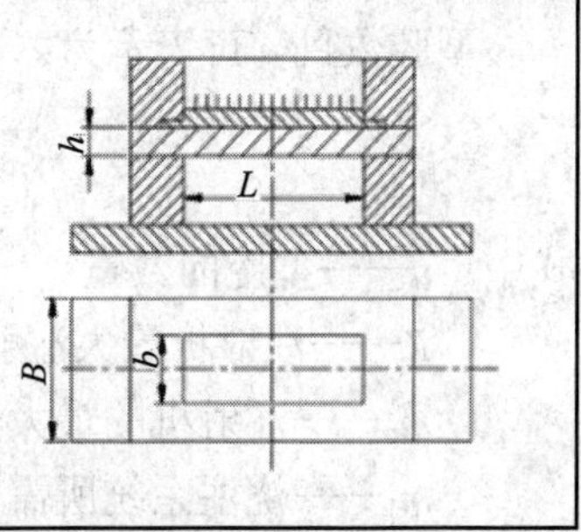
102～300	(0.13～0.15)b	(0.11～0.12)b	(0.08～0.09)b	
300～500	(0.15～0.17)b	(0.12～0.13)b	(0.09～0.10)b	

注：当压力 $P<29$ MPa，$L\geqslant 1.5b$ 时，取表中数值乘以 1.25～1.35；

当 29 MPa$\leqslant P<49$ MPa，$L\geqslant 1.5b$ 时，取表中数值乘以 1. 5～1.6

3) *模具加热、冷却系统的确定*

对于大多数热塑性塑料，模具上不需要设置加热装置。为了缩短成型周期，需要对模具进行冷却，通常用水对模具进行冷却，即在注射完成后通循环冷水到靠近型腔的零件上或者型腔零件的孔内，以便模具快速冷却。设计水道时注意以下原则：

(1) 冷却水孔数量应该尽可能多，孔径尽可能大。冷却水孔中心线与型腔壁的距离应

为冷却通道直径的 1～2 倍(通常为 12～15 mm)，原则上冷却通道之间中心距约为水孔直径的 3～5 倍。通道直径一般为 8 mm 以上。

(2) 冷却水孔至型腔表面的距离应尽可能相等。当塑件壁厚均匀时，冷却水孔与型腔表面的距离应尽量处处相等，当塑件壁厚不均匀时，应在后壁处强化冷却。

(3) 浇口处应该加强冷却。

(4) 冷却水通道不应该穿过镶块或其接缝部位，以防漏水。

(5) 冷却水孔应避免设在塑件的熔接痕处。

(6) 进出口水管接头的位置应尽可能设在模具同一侧，通常放在注射机背面。

4) 注射模模腔数目计算

通常根据注射机锁模力、最大注射量、制件的精度要求和经济性等因素来确定模具型腔数目，这是模具设计的一个关键步骤，也是理论上充满矛盾的一个地方。矛盾一，降低制造成本、提高产量与保证产品精度之间的矛盾；矛盾二，常用的型腔数目确定公式中需要流道凝料的体积(或质量)与型腔数目尚未确定，无法得到流道凝料体积(或质量)的矛盾；矛盾三，大量计算所需的时间与较短的模具设计周期的矛盾。

模具型腔数目的确定和诸多因素相关，如塑件结构特点、精度、批量大小、模具制造难度、浇注方式、浇注平衡考量、模板尺寸、顶出系统结构和冷却系统等。

一次注射只能生产一件塑件的模具称为单型腔模具；一次注射能生产两件或两件以上塑件的模具称为多型腔模具。与多型腔模具相比较，单型腔模具具有塑件的形状和尺寸一致性好、成型工艺条件容易控制、模具结构简单紧凑、模具制造成本低、制造周期短等特点。但是，在大批量生产的情况下，多型腔模具是更为合适的形式，采用这种模具可以提高生产效率，降低塑件整体成本。

实际生产中，确定型腔数目的方法有以下几种：

(1) 按注射机最大注射量确定型腔数目。

型腔数目 n 可表示为：

$$n \leqslant \frac{Km_{\mathrm{p}} - m_1}{m} \tag{5.6}$$

式中：n——型腔的数量；

K——注射机最大注射量的利用系数，一般取 0.8；

m_{p}——注射机的最大注射量，g 或 cm^3；

m_1——浇注系统所需塑料的质量或体积，g 或 cm^3；

m——单个塑件的质量或体积，g 或 cm^3。

(2) 按注射机额定锁模力确定型腔数目。

型腔数目 n 可表示为：

$$n \leqslant \frac{F_{\mathrm{p}} - pA_1}{pA} \tag{5.7}$$

式中：n——型腔的数量；

F_p——注射机的额定锁模力，N；

p——塑料熔体对型腔的成型压力，MPa，其大小一般是注射压力的 80%；

A_1——浇注系统在模具分型面上的投影面积，mm^2；

A——单个塑件在模具分型面上的投影面积，mm^2。

(3) 按塑件精度要求确定型腔数目。

经验表明，注射模每增加一个型腔，塑件尺寸精度将降低 4%。在高精度塑件成型时，型腔数目不宜过多，通常不超过 4，因为多型腔注射难以使型腔的成型条件一致。

(4) 根据生产经济性确定型腔数目。

根据总成型加工费用最小的原则，忽略准备时间和试生产原料费用，仅考虑模具费用和成型加工费用。

模具费用为：

$$X_m = nC_1 + C_2 \tag{5.8}$$

式中：X_m——模具费用；

n——型腔的数量；

C_1——每一型腔的模具费用，元；

C_2——与型腔数目无关的费用，元。

成型加工费用为：

$$X_j = N\frac{Yt}{60n} \tag{5.9}$$

式中：X_j——成型加工费用；

N——需要生产塑件的总数；

Y——每小时注射成型加工费用，元/h；

t——成型周期，min；

n——型腔数量。

总的成型加工费用为：

$$X = X_m + X_j = nC_1 + C_2 + N\frac{Yt}{60n} \tag{5.10}$$

为了使成型加工费用最小，令 $\frac{dX}{dn} = 0$，则得：

$$n = \sqrt{\frac{NYt}{60C_1}} \tag{5.11}$$

根据上述各式所确定的型腔数目，既能在技术上充分保证塑件质量，又能在生产上保证最佳经济性。

5.1.3　注射模具的结构设计

1. 产品分型面的选择

塑料在模具型腔凝固形成塑件，为了将塑件取出来，必须将模具型腔分开，也就是将

模具做成两部分，即定模和动模。定模和动模相接触的面称为分型面。分型面的形状有平面、斜面、阶梯面和曲面等，如图 5.4 所示。分型面的选择适当与否直接影响塑件质量、操作难易程度、模具结构及制造成本等方面。

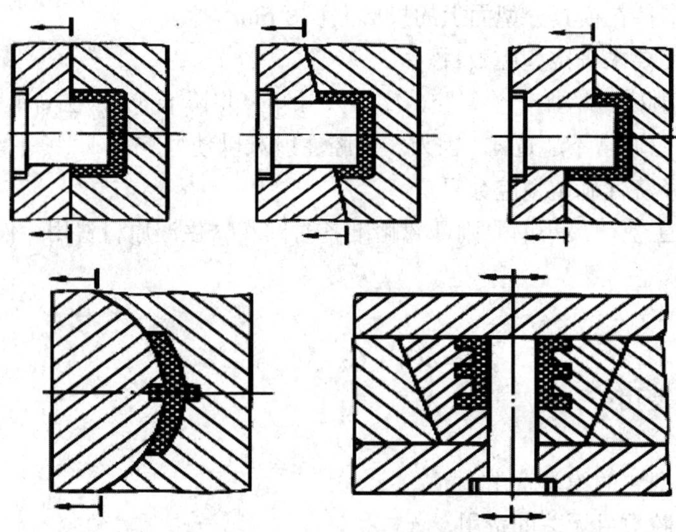

图 5.4　分型面形状

注射模分型面的选择应该遵循以下原则：

1) 保证塑料制品能够脱模

根据这个原则，分型面应首选在塑料制品最大的轮廓线上，最好在一个平面上，而且此平面与开模方向垂直。分型的整个廓形应呈缩小趋势，不应有影响脱模的凹凸形状。

2) 使型腔深度最小

模具型腔深度的大小对模具结构与制造有如下 3 方面的影响：

(1) 目前模具型腔的加工多采用电火花成型加工，型腔越深加工时间越长，影响模具生产周期，同时增加生产成本。

(2) 模具型腔深度影响着模具的厚度。型腔越深，动、定模越厚，一方面加工比较困难；另一方面各种注射机对模具最大厚度都有一定限制，故型腔深度不宜过大。

(3) 型腔深度越深，在相同起模斜度时，同一尺寸上下两端实际尺寸差值越大。若要控制到规定的尺寸公差，就要减小脱模斜度，而这会导致塑件脱模困难。因此在选择分型面时应尽可能使型腔深度最小。

3) 使塑件外形美观，容易清理

尽管塑料模具配合非常精密，但塑件脱模后，在分型面位置都会留有一圈毛边，称之为飞边。即使这些毛边脱模后立即割除，仍会在塑件上留下痕迹，影响塑件外观，故分型面应避免设在塑件光滑表面上。

4) 尽量避免侧向抽芯

塑料注射模具，应尽可能避免采用侧向抽芯，因为侧向抽芯模具结构复杂，并且直接影响塑件尺寸、配合精度，且耗时耗财，制造成本显著增加，故在万不得已的情况下才能

使用。

5) 使分型面容易加工

分型面精度是整个模具精度的重要部分，力求平面度和动、定模配合面的平行度在公差范围内。因此，分型面应是平面且与脱模方向垂直，从而使加工精度容易保证。如选择分型面是斜面或曲面，加工难度增大，并且精度得不到保证，易造成溢料飞边现象。

6) 使侧向抽芯尽量短

抽芯越短，斜抽移动的距离越短，一方面能减少动、定模的厚度，减少塑件尺寸误差；另一方面有利于脱模。

7) 保证塑件制品精度

作为机械零部件的塑件，平行度、同心度、同轴度都要求很高，保证塑件精度除提高模具制造精度外，与分型面的选择也有很大关系。

8) 有利于排气

对于中、小型塑件，因型腔较小，空气量不多，可借助分型面的缝隙排气。因此，选择分型面时应有利于排气。按此原则，分型面应设在注射时熔融塑料最后到达的位置，而且不把型腔封闭。

9) 使塑件留在动模内

模具开模时型腔内的塑件一般不会自行脱出，须用顶出机构顶出，注射机上都有顶出装置，且设在动模一侧，因此设计模具分型面时应使开模后的塑件能留在动模内，以便直接利用注射机的顶出机构顶出塑件。如果塑件留在定模内，则要再另外设计顶出装置才能脱模，模具结构复杂，且成本攀升，加工周期延长。

10) 使型腔内总压力较大的方向与分型面垂直

塑件注射时型腔内各方向的压强 P 相同，故某方向总压力 $F = P \times S$，S 为某方向的投影面积，S 越大，则 F 越大，选择总压力较大的方向与分型面垂直，利用注射机的锁模力来承受较大注射压力。

2. 模具型腔排列

注射模具型腔排列遵循以下原则：

(1) 型腔布置和浇口开设部位力求对称，以防止模具承受偏载而产生溢料现象。如图 5.5 所示，其中图(a)不合理，图(b)合理。图 5.6 为实际模具型腔照片，型腔在模具内尽量分布均匀。

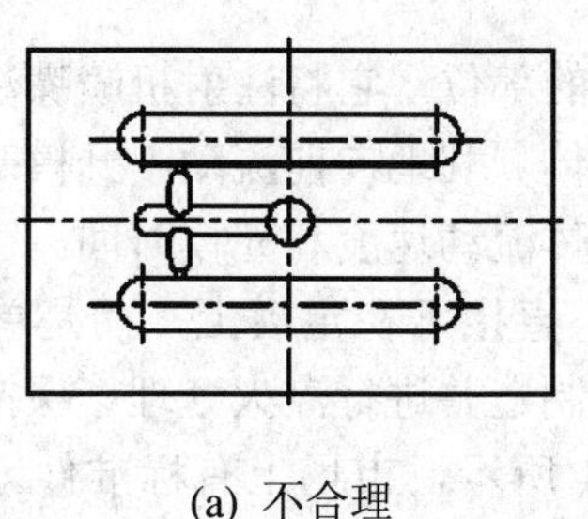

(a) 不合理

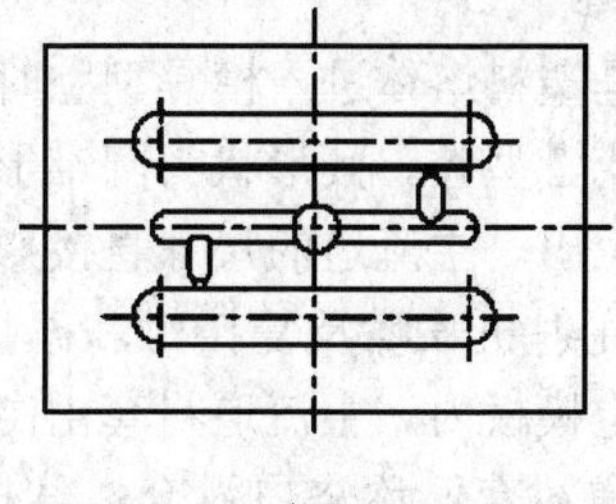

(b) 合理

图 5.5　模具型腔布置示意图

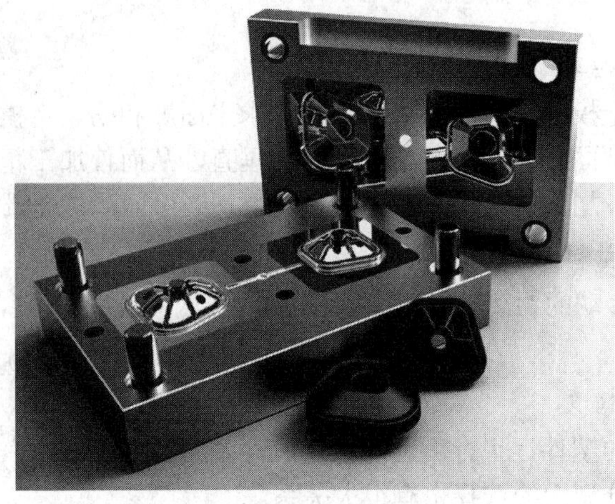

图 5.6　模具型腔布置实物图

(2) 型腔排列尽可能地减少模具尺寸。如图 5.7 所示，其中图(a)不合理，图(b)合理。模具选材往往较昂贵，减少模具尺寸，既可以降低模具材料成本，又可以减少加工量，降低生产成本。

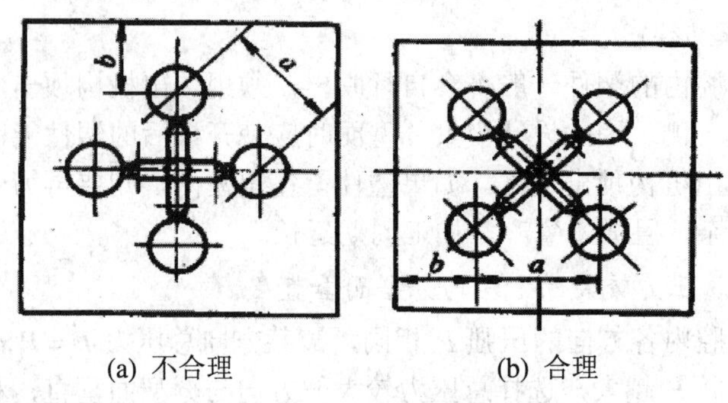

(a) 不合理　　　　(b) 合理

图 5.7　模具型腔布置

(3) 浇注系统流道尽可能短，断面尺寸适当(太小则压力及热量损失大，太大则塑料耗费大)，尽可能减少弯折和表面粗糙度，确保热量和压力减少到最小。

(4) 对多型腔应尽可能使塑料熔体在同一时间内进入各个型腔的深处及角落，即分流道尽可能采用平衡式布置。

3. 流道设计

1) 主流道

主流道是塑料熔体进入模具型腔时最先经过的部位，它将注射机喷嘴注出的塑料熔体导入分流道或者型腔。其形状为圆锥形，便于熔体顺利地向前流动，开模时主流道凝料又能顺利地被拉出。主流道的尺寸直接影响塑料熔体流动速度和充模时间。由于主流道要与高温塑料和注射机喷嘴反复接触和碰撞，通常不直接开在定模上，而是单独设计成主流道衬套镶入定模板内。主流道衬套由高碳工具钢制造并进行淬火处理，保持其高硬度和耐磨性。主流道衬套又称浇口衬套，结构如图 5.8 所示，市场上有标准件可供模具制造厂选择。

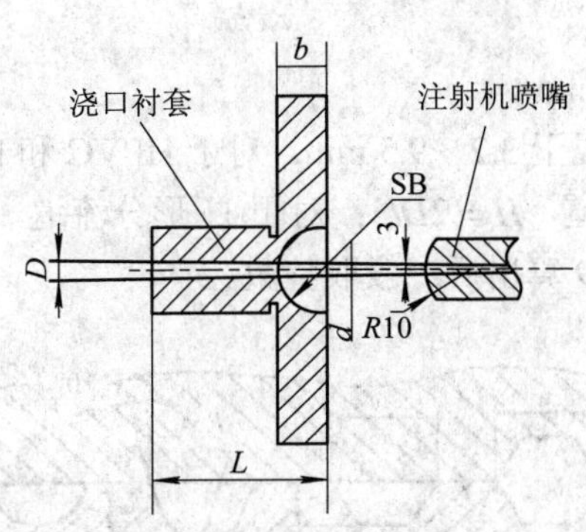

图 5.8　主流道衬套

浇口套直径可以按照以下公式选择。

(1) 浇口套进料口直径：

$$D = d + (0.5\sim1) \tag{5.12}$$

式中：d——注射机喷嘴口直径，mm。

(2) 球面凹坑半径：

$$R = r + (0.5\sim1) \tag{5.13}$$

式中：r——注射机喷嘴球头半径，mm。

(3) 浇口套与定模板配合可采用 H7/m6，与定位圈配合可采用 H9/f8，主流道套和动模定位方式有螺栓直接连接和定位圈压紧主流道套等形式，定位圈压紧主流导套的结构如图 5.9 所示。

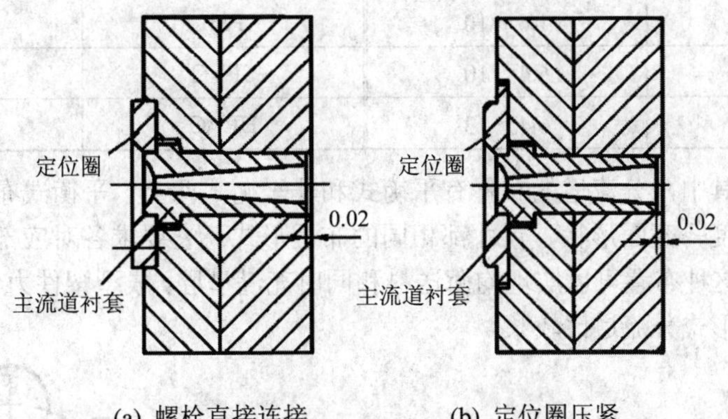

(a) 螺栓直接连接　　(b) 定位圈压紧

图 5.9　主流道衬套与定位圈

2) 分流道

流道分主流道和分流道，主流道尺寸由标准的浇口套尺寸决定，分流道尺寸由自己设计，分流道截面形状可以是圆形、半圆形、矩形、梯形和 U 形等，如图 5.10 所示。分流道尺寸由塑料品种、塑件的大小及流道长度确定。对于质量在 200 g 以下，壁厚在 3 mm 以下的塑件，可以用经验公式(5.14)计算分流道直径。

$$D = 0.265W^{1/2}L^{1/4} \tag{5.14}$$

式中：D——分流道的直径，mm；

W——塑件的质量，g；

L——分流道的长度，mm。

此式计算的分流道直径限于 3.2～9.5 mm。对于 HPVC 和 PMMA 材料，则应将计算结果增加 25%。对于梯形分流道，$H = 2D/3$；对于 U 形分流道，$H = 1.25R$、$R = 0.5D$；对于圆形大分流道，$H = 0.45R$。D 算出后一般取整数。

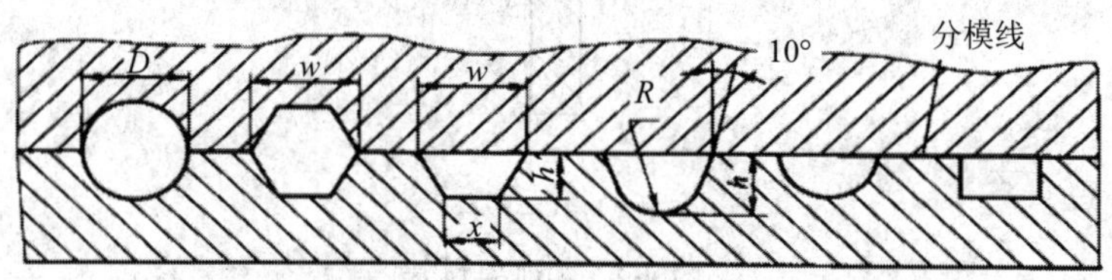

图 5.10　分流道的截面形状

常用塑料的分流道直径如表 5.3 所示。由表 5.3 可见，对于流动性极好的塑料(如 CA、PE、PA 等)，分流道直径可小到 2 mm 左右；对于流动性差的塑料(如 PC、HPVC 及 PPS 等)，分流道直径可以大到 13 mm。大多数塑料所用分流道的直径为 6～10 mm。

表 5.3　常用塑料分流道直径推荐值

材料名称	分流道直径/mm	材料名称	分流道直径/mm
ABS	4.5～9.5	PC	6.4～10
POM	3.0～10	PE	1.6～10
PP	1.6～10	HIPS	3.2～10
CA	1.6～11	PS	1.6～10
PA	1.6～10	PSF	6.4～10
PPO	6.4～10	SPVC	3.1～10
PPS	6.4～13	HPVC	6.4～16

在多型腔模具中，分流道的布置有平衡式和非平衡式两类。平衡式布置是指分流道到各型腔浇口的长度、截面形状、尺寸都相同的布置形式。它要求各对应部位的尺寸相等，如图 5.11 所示。这种布置可以实现均衡送料和同时充满型腔，成型塑件力学性能基本一致。但是，这种布置形式分流道比较长。

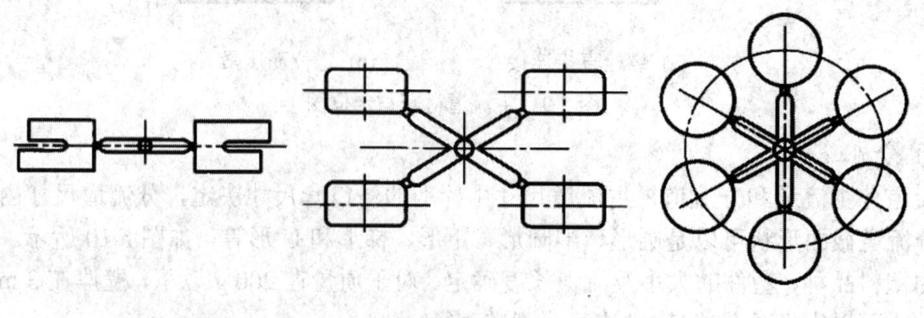

(a) 水平对称　　(b) 方形对称　　(c) 圆形对称

图 5.11　分流道平衡式布置示意图

非平衡式布置是指分流道到各型腔浇口长度不相等的布置，如图 5.12 所示。采用这种布置，熔体进入各型腔有先有后，因此不利于均衡送料。但对于型腔数量多的模具，为了缩短分流道，也常采用这种布置。由于各浇口的截面尺寸不同，因此为了达到同时充满型腔的目的，在试模中要多次修改。

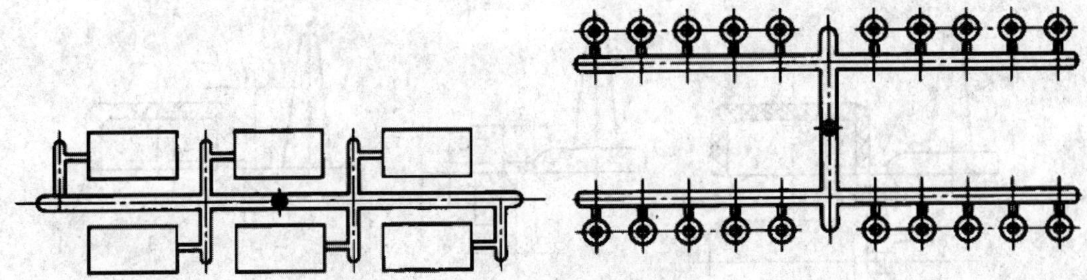

图 5.12　非平衡式布置示意图

分流道设计要注意以下几点：

(1) 在保证足够的注射压力使塑料熔体顺利充满型腔的前提下，分流道截面积与长度尽量取小值，分流道转折处应以圆弧过渡。

(2) 分流道较长时，在分流道的末端应开设冷料井。

(3) 分流道与浇口连接处应加工成斜面，并以圆角过度。

4. 浇口设计

浇口又称为进料口，其截面积约为分流道截面积的 0.03～0.09。浇口长度约为 0.5～2 mm，浇口具体尺寸一般根据经验确定，取其下限值，然后在试模时逐步修正。

1) 直浇口

直浇口又称中心浇口，这种浇口的流动阻力小，进料速度快，在单型腔模具中常用来成型大而深的塑件，如图 5.13 所示。它对各种塑料都适用。特别是黏度高、流动性差的塑料，如 PC、PSF 等。

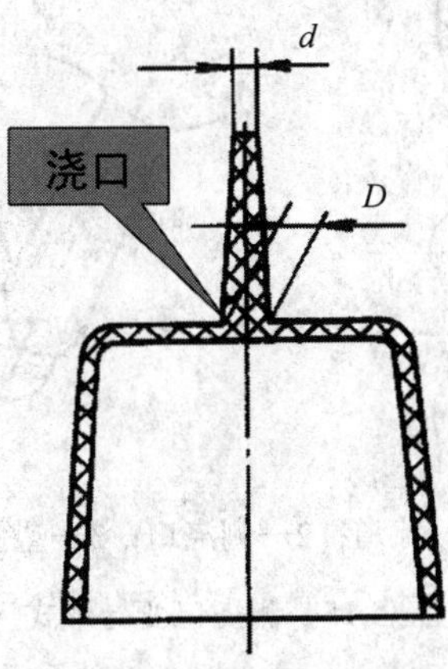

图 5.13　直浇口

用直浇口成型浅而平的塑件时会产生弯曲和翘曲现象，同时去除浇口不便，有明显的浇口痕迹，所以设计时，浇口应尽可能小些，成型薄壁塑件时，浇口根部的直径最多等于塑件壁厚的 2 倍。

2) 侧浇口

侧浇口又称边缘浇口，其横截面为矩形，一般开在分型面上，从塑件侧面进料，它可按需要合理选择浇口位置，尤其适用于一模多腔，如图 5.14 所示。一般取宽度 $B = 1.5$～5 mm，厚度 $h = 0.5$～2 mm(也可取为塑件壁厚的 1/3～2/3)，长度 $l = 0.7$～2 mm。

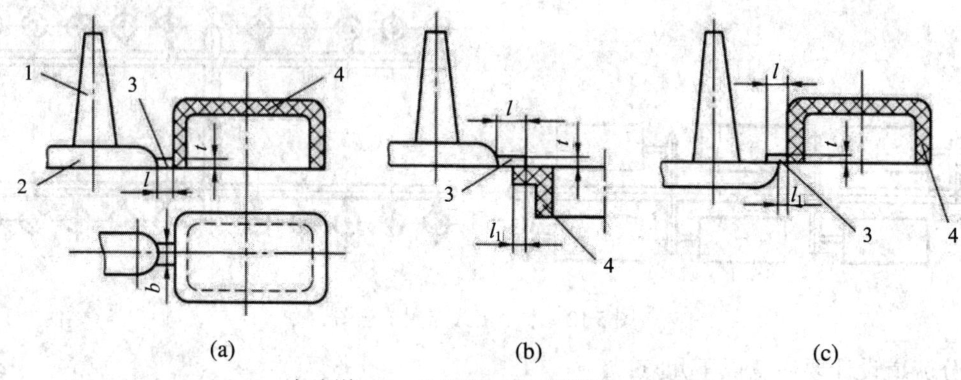

1—主流道；2—分流道；3—侧浇口；4—塑件

图 5.14　侧浇口形式

对于不同形状的塑件，侧浇口可以设计成多种变异形式，如图 5.15 所示。

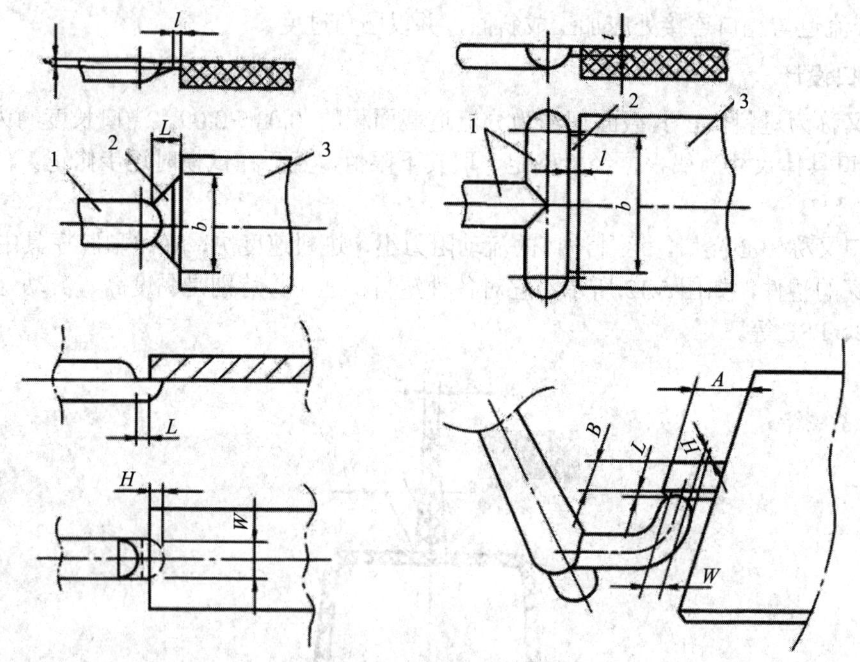

1—流道；2—侧浇口；3—塑件

图 5.15　侧浇口变异形式

3) 点浇口

点浇口又称为针点式浇口，如图 5.16 所示。点浇口广泛用于各类壳型塑件，开模式点浇口可自行拉断。

点浇口截面积小，冷却速度快，不利于补缩，对壁厚较大的塑件不宜使用。但由于截面积小，在塑件表面留下的痕迹小，有利于保持塑件表面平整和光滑。

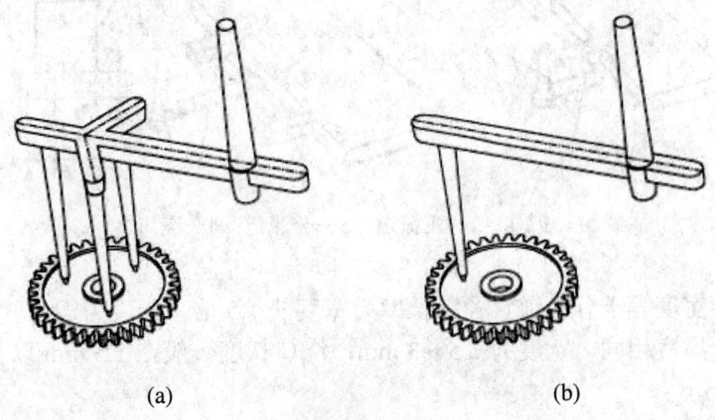

图 5.16　点浇口

4) 潜伏式浇口

潜伏式浇口又称剪切浇口，是由点浇口演变而来的，点浇口用于三板模，而潜伏式浇口用于二板模，从而简化了模具结构。潜伏式浇口设置在塑件内侧或者外侧隐蔽位置，不影响塑件的外形美观。在推出塑件时浇口被拉断，这需要较强的推力，对强韧的塑料不宜使用。潜伏式浇口具体结构如图 5.17 所示。

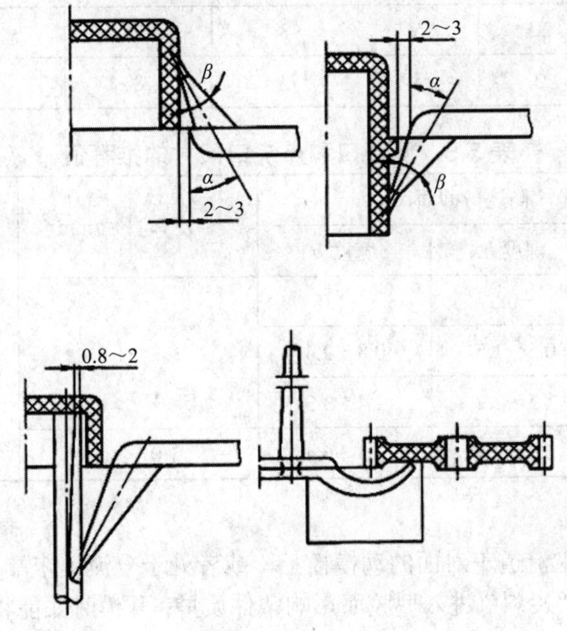

图 5.17　潜伏式浇口

5) 护耳式浇口

护耳式浇口又称耳型浇口、翼状浇口，其结构如图 5.18 所示。它适用于 PC、HPVC 等流动性较差的塑料。采用这种浇口可减少成型时浇口处的残余应力，但成型后要增加去除护耳工序，使得其应用受到限制。

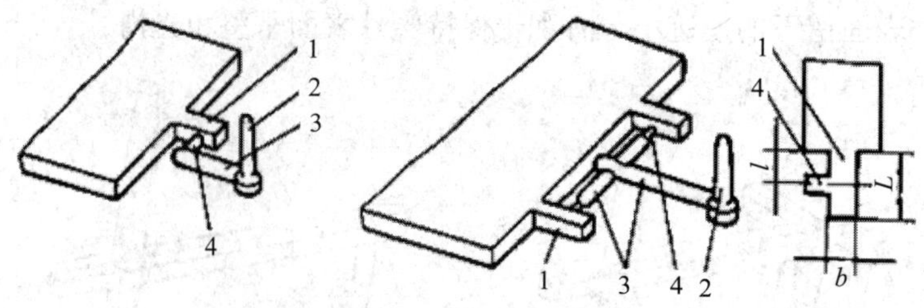

1—护耳；2—主流道；3—分流道；4—浇口

图 5.18　护耳式浇口

一般护耳的宽度等于分流道直径，长度为宽度的 1.5 倍，厚度为塑件壁厚的 0.9 左右。浇口厚度与护耳厚度相同，宽度为 1.5～3 mm，浇口长度一般在 1.5 mm 以上。

6) 常用浇口尺寸

常用塑料的浇口尺寸如表 5.4、表 5.5 所示。

表 5.4　常用塑料的直浇口尺寸

塑件质量/g		<35		35～339		≥340	
主流道直径/mm		*d*	*D*	*d*	*D*	*d*	*D*
常用塑料	PS	2.5	4	3	6	3	8
	PE	2.5	4	3	6	3	7
	ABS	2.5	5	3	7	4	8
	PC	3	5	3	8	5	10

表 5.5　侧浇口和点浇口尺寸的推荐值

塑件壁厚/mm	侧浇口截面尺寸/mm		点浇口直径/mm	浇口长度 *L*/mm
	深度 *h*	宽度 *b*		
＜0.8	～0.5	～1.0	0.8～1.3	1.0
0.8～2.4	0.5～1.5	0.8～2.4		
2.4～3.2	1.5～2.2	2.4～3.3		
3.2～6.4	2.2～2.4	3.3～6.4	1.0～3.0	

5. 冷料井设计

冷料井或者位于主流道正对面的动模板上，或者处于分流道末端，其作用是捕集料流的前锋“冷料”，防止“冷料”进入型腔而影响塑件质量；开模时又能将主流道的凝料拉出。冷料井的直径宜大于主流道大端直径，长度约为主流道大端直径。

各种冷料井的结构如图 5.19 所示。图 5.19(a)、(b)、(c)为带有推杆的冷料井，推杆装在推杆固定板上，常与推杆或推管脱模机构连用。它们由冷料井倒锥或侧凹将主流道凝料拉出，适用于韧性塑料。当其被推出时，塑件和流道能自动坠落，易实现自动化。图 5.19(d)、(e)、(f)为底部带有推板的冷料井，开模时，浇道凝料包紧拉料杆的顶部被拉出主流道，推出时，推出机构推动推件板将浇道凝料从拉料杆头部强行脱下。

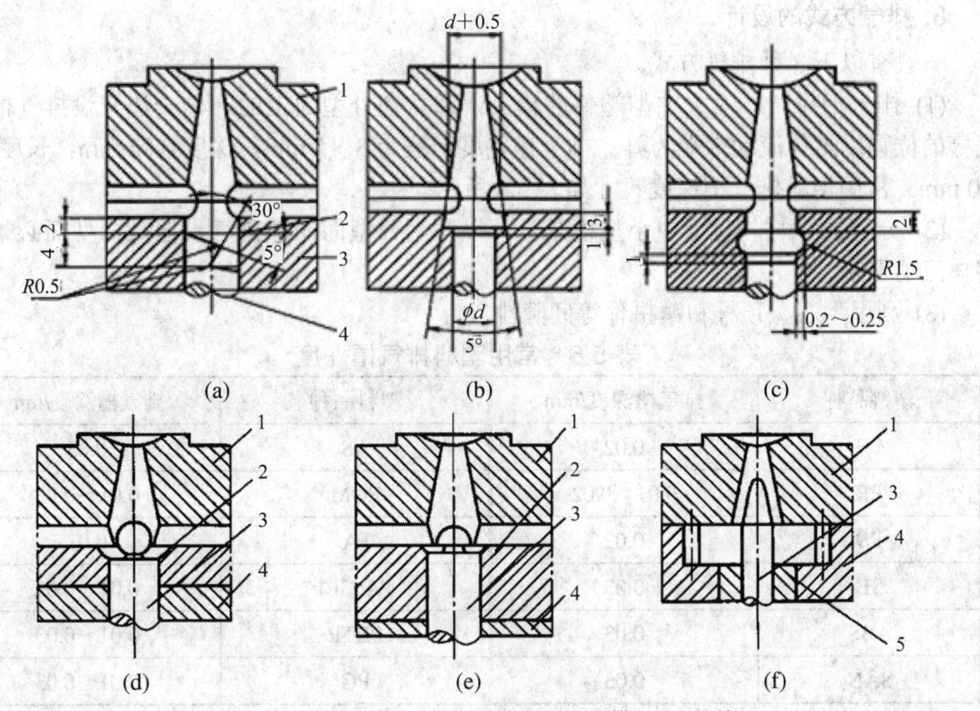

1—定模；2 推件板；3—拉料杆；4—动模；5—推块

图 5.19　常用冷料井与拉料杆形式

6. 侧向抽芯机构设计

当塑件中有侧孔或侧凹时，需有侧向抽芯机构，设计时应注意以下几点：

(1) 型芯尽可能设置在与分型面相垂直的动模或定模内，利于开模或推出动作抽出型芯。

(2) 尽可能采用斜导柱在定模，滑块在动模的抽芯机构。

(3) 锁紧楔的楔角应大于导柱倾角，通常大于 3°，否则斜导柱无法带动滑块。

(4) 滑块完成抽芯动作后，留在滑槽内的滑块长度不应小于滑块总长的 2/3。

(5) 应尽可能不使顶杆和活动型芯在分型面上的投影重合，防止滑块和顶出机构复位时的互相干涉。

(6) 滑块设在定模上时，为了保证塑件留在动模上，开模前必须先抽出侧向型芯，因此，采用定距拉紧装置。

7. 脱模机构的设计

脱模机构设计一般遵循以下原则：

(1) 因为塑料收缩时抱紧凸模(动模)，所以顶出力的作用点应尽量靠近凸模。

(2) 顶出力应作用在塑件刚性和强度最大部位，如加强肋、凸缘、厚壁等部位，作用面积也尽可能大一点，防止塑件被顶坏。

(3) 为了保证塑件具有良好外观，顶出位置应尽量设在塑件内部或对塑件外观影响不大部位。

(4) 若顶出部位需设置在塑件使用或装配的基面上，为了不影响塑件尺寸和使用，一般顶杆接触处凹进塑件 0.1 mm，否则塑件会出现凸起，影响基面的平整。

8. 排气方式的设计

一般有以下 3 种排气方式。

(1) 排气槽排气。对大中型塑件的模具，通常在分型面上的凹槽一边开设排气槽，排气槽的位置以熔体流动末端为好。排气槽宽度一般为 3～5 mm，深度 0.05 mm，长度 0.7～1.0 mm。常用塑料排气槽深度尺寸如表 5.6 所示。

(2) 分型面排气。对于中小型模具，可以利用分型面间隙排气，但是分型面必须位于熔体流动末端。

(3) 利用型芯、顶杆和镶拼件等间隙排气。

表 5.6　常用塑料排气槽深度

塑料品种	排气槽深度/mm	塑料品种	排气槽深度/mm
PE	0.02	AS	0.03
PP	0.01～0.02	POM	0.01～0.03
PS	0.02	PA	0.01
SB	0.03	PA(GF)	0.01～0.03
ABS	0.03	PETP	0.01～0.03
SAN	0.03	PC	0.01～0.03

9. 模具零件材料的选择

塑料模具材料品种繁多，最常见的有 45、T10、P20(3Cr2Mo)、718 等标准件，模架中的板件通常是 45 钢，导柱、导套、浇口套和顶杆等多为 T10A，在中国珠江三角洲地区制作的模具，型腔零件通常采用 P20、718。P20 是美国塑料模具钢钢号，是一种预硬性塑料模具钢，即出售时已经进行了热处理，硬度为 HB290～HB370，其切削加工性及抛光性显著优于 45 钢。718 为瑞典钢号，属于 P20 系列，但其强度、韧性等方面性能优于 P20。

模具型腔零件的材质还与塑件生产批量和塑件种类有关。

10. 模具成型零件的结构设计

为了节约成本，通常将稍大于塑件外形(大于一个足够强度的壁厚)的较好的材料(高碳钢或合金工具钢)制成凹模，再将此凹模镶嵌入模板中固定，如图 5.20 所示。在一些模具中，凹模也可能做成镶拼式，即凹模由多块模具组合而成，这也成为模具设计的一种趋势，可以将模具需要特殊性能要求部分采用特殊材质来制造，既节省成本，又提升模具品质，当凹模损坏后，维修更换很方便。

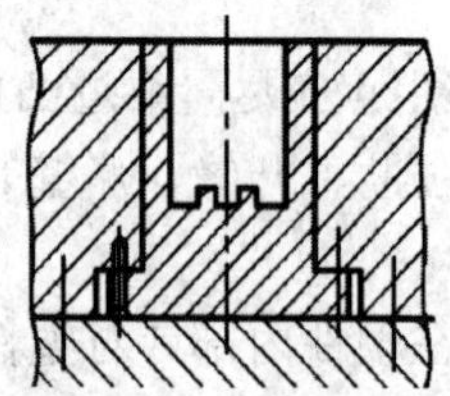
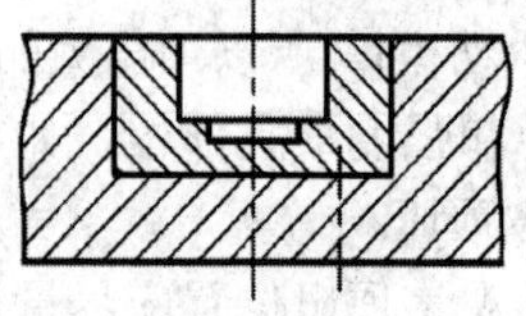
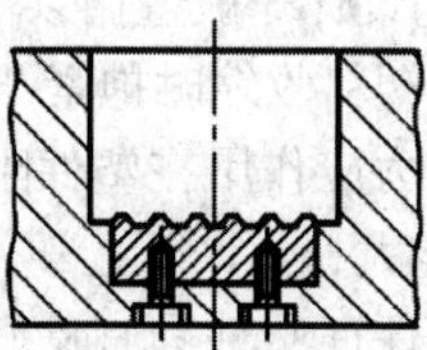

图 5.20　整体嵌入式凹模及其固定

整体式凸模浪费材料太多，而且切削工作量大，在当今模具结构中几乎没有这种结构。凸模主要使用整体嵌入式结构或者镶拼组合式结构，如图 5.21 所示。

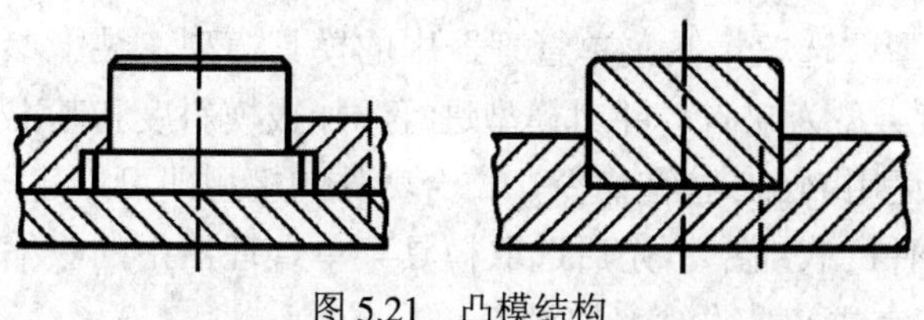

图 5.21　凸模结构

5.2　Pro/E 软件注射模设计

在传统设计中，模具设计人员首先根据产品图，进行模膛尺寸换算得到模膛图形，然后通过型腔布置、标准模架选择、流道设计、动模和定模部装图设计、顶出机构设计、斜抽芯机构设计、冷却系统设计、总装图设计等步骤，完成注射模总装图、部装图、零件图等绘制。由于大多数注射零件形状复杂，传统手工设计周期长，模具图绘制也非常繁杂，所以利用计算机辅助手段(CAD)来进行注射模结构设计就显得很有必要。

本节以一种肥皂盒设计为例阐述注射模 CAD 的基本流程、模具结构设计等内容。

5.2.1　注射模设计流程

在具体模具设计软件中，模具设计是通过装配参照模型、创建模坯、设置收缩率、创建分型面、创建浇注系统、创建模具体积块、抽取模具元件、铸模和开模等步骤完成的，流程图如图 5.22 所示。

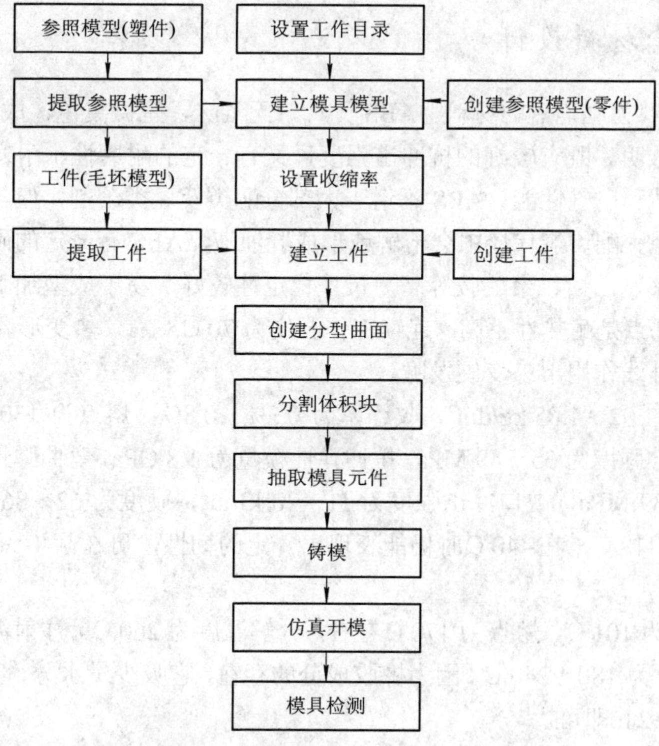

图 5.22　Pro/E 注射模设计基本流程

(1) 装配参照模型。选取模具菜单管理器中的模具模型，装配参照模型命令，调入模型文件，并选择约束类型为缺省。并对模型进行添加拔模斜度和基准点等预处理。

(2) 创建模坯。运用 Pro/E 拉伸命令，结合塑件的模型即可创建模坯。

(3) 设置口杯塑件的收缩率。先后选取模具菜单管理器中的收缩、按尺寸命令，进入按尺寸收缩对话框，完成产品收缩率的设置。

(4) 创建分型面。单击插入下拉菜单中的模具几何、分型面命令，进入分型面创建界面，然后单击编辑下拉菜单下的属性命令，进入属性对话框，并输入分型面名称，然后运用拉伸命令完成分型面的创建。

(5) 创建模具浇注系统。建立相关偏移基准面，然后先后选取模具菜单管理器中的特征、型腔组件、实体、切减材料、旋转命令，创建模具主流道，并运用拉伸命令创建模具分流道及点浇口。

(6) 创建模具元件体积块。单击编辑下拉菜单中的分割命令，进入分割体积块菜单管理器，先后选择两个体积块、所有工件命令，然后选取分型面，完成上下模的分割创建。

(7) 抽取模具元件。先后选取模具菜单管理器中的模具元件、抽取命令，进入创建模具元件对话框，完成模具元件的创建。

(8) 铸模。先后选取模具菜单管理器中的制模、创建命令，并输入模塑件名称，完成模塑件的创建。

(9) 开模。先后选取模具菜单管理器中的模具开模、定义间距、定义移动命令，选择相关模具元件，并输入开模距离，完成模具开模的创建。

5.2.2 肥皂盒材料设计

选用 ABS 塑料为肥皂盒的材料。ABS 无毒，无气味，呈微黄色，成型的 ABS 塑料有较好的光泽，不透明，既有较好的抗冲击强度，又有一定的耐磨性、耐寒性、耐油性、耐水性、化学稳定性和电气性能。ABS 不溶于大部分醇类及烃类溶剂，但与烃长期接触会软化溶胀，在酮、醛、酯、氯代烃中会溶解或形成乳浊液。ABS 有一定的硬度，其热变形温度比聚苯乙烯、聚氯乙烯、聚酰胺等高，尺寸稳定性较好，易于成型加工，经过调色可配成任何颜色。其缺点是耐热性不高，连续工作温度为 70℃左右，热变形温度约为 93℃，耐气候性差，在紫外线作用下易变硬发脆。

ABS 密度为 1.02～1.05 kg/dm^3，收缩率为 0.3%～0.8%，熔点为 130～160℃，弯曲强度为 80 MPa，拉伸强度为 35～49 MPa，拉伸弹性模量为 1.8 GPa，弯曲弹性模量为 1.4 GPa，压缩强度为 18～39 MPa，缺口冲击强度为 11～20 kJ/m^2，硬度为 62～86 HRR。ABS 的热变形温度为 93～118℃，在−40℃时仍能表现出一定的韧性，可在 −40～100℃的温度范围内使用。

ABS 软化点为 101℃，熔点为 170℃左右，分解温度为 260℃。注射温度可调区间比较大，一般使用温度为 180～240℃。因为橡胶成分的存在，它吸少量水分，生产时，可用 80～90℃温度烘干 1～2 h 即可。

5.2.3 塑件结构设计

采用 Pro/E 软件进行肥皂盒造型设计，如图 5.23 所示，使用了草绘、拉伸、倒圆角、拔模、抽壳等多种建模特征命令。肥皂盒的长 166 mm、宽 86 mm、高 40 mm，整体呈长方体形。肥皂盒为方形设计，充分考虑了其实用性。倒圆角设计可以提高成型工艺性，使产品美观并具有良好的手感，圆角过度最大处为 24 mm。

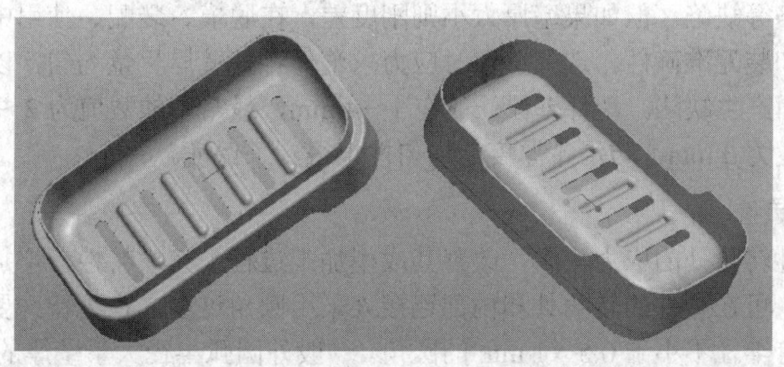

图 5.23　肥皂盒三维造型

这款肥皂盒主要特点：滤水孔设计顺畅沥水，呵护肥皂，不软化，不黏手，精致每一个环节；多排防滑带设计使肥皂更加平稳，不会轻易打滑；底部镂空设计方便沥水，增加肥皂使用时间；底座四角支架既节约材料，又加强盒子的稳定性；无盖肥皂盒拿取肥皂非常方便，存放更方便。

1. 拔模斜度与拔模检测

由于注射制品在冷却过程中产生收缩，因此它在脱模前会紧紧地包裹模具型芯或型腔中突出的部分。为了便于脱模，防止因脱模力过大拉伤制品表面，与脱模方向平行的制品内外表面应具有一定拔模斜度。拔模斜度大小与制品形状、壁厚及收缩率有关。斜度过小，不仅会使制品脱模困难，而且易使制品表面损伤或破裂，斜度过大时，虽然脱模方便，但会影响制品尺寸精度，并浪费原材料。通常塑件的脱模斜度约取 0.5°～1.5°，一般塑件材料 ABS 的型腔脱模斜度为 0.35°～1.5°，型芯脱模斜度为 0.5°～1°，检测结果如图 5.24 所示。

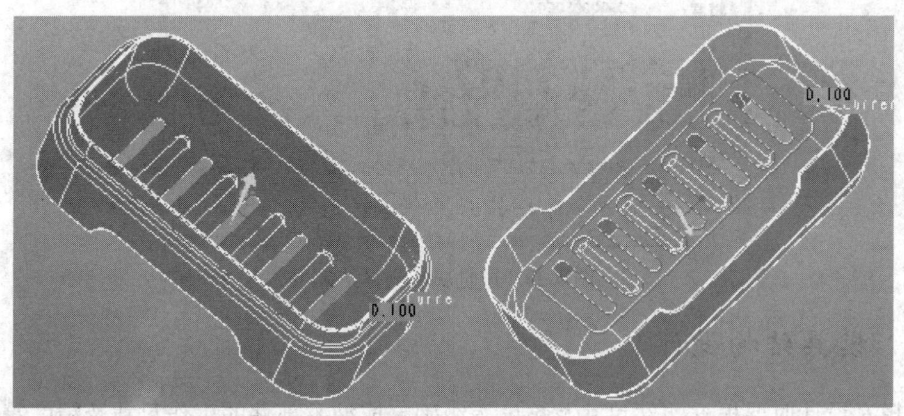

图 5.24　拔模检测

2. 塑件壁厚与厚度检测

塑件壁厚是最重要的结构要素，是设计塑件时必须考虑的问题之一。塑件的壁厚对于注射成型生产具有极为重要的影响，它与注射充模时的熔体流动、固化定型时的冷却速度和时间、塑件的成型质量、塑件的原材料以及生产效率和生产成本密切相关。一般在满足使用要求的前提下，塑件壁厚应尽量小。因为壁厚太大不仅会使原材料消耗增大，生产成本提高，更重要的是会延缓塑件在模内的冷却速度，使成型周期延长，另外还容易产生气泡、缩孔、凹陷等缺陷。但如果壁厚太小则刚度差，在脱模、装配、使用中会发生变形，影响塑件使用和装配准确性。选择壁厚时应力求塑件各处壁厚尽量均匀，以避免塑件因出现不均匀收缩而产生缺陷。塑件壁厚一般在 1～4 mm，最常用的数值为 2～3 mm。本产品壁厚均匀，厚度为 3 mm，防滑带厚度的均匀性也得到了保证。

3. 塑件圆角

为防止塑件转角处的应力集中，改善其成型加工过程中充模特性，增加相应位置模具和塑件的角度，可在塑件的转角处和内部连接处采用圆角过度。在无特殊要求时，塑件的各连接角处均有半径不小于 0.5～1 mm 的圆角。一般外圆弧半径大于壁厚的 1/2，内圆角半径应是壁厚的 1/2，为了提高塑件工艺性能和美观程度，圆弧过度角可以自己设计。

4. 孔

塑料制品上通常带有各种通孔和盲孔，从原则上讲，这些孔均能用一定的型芯成型。但当孔太复杂时，熔体流动困难，模具加工难度增大，生产成本提高，因此在塑件上设计孔时，应尽量采用简单孔型。由于型芯对熔体有分流作用，所以在孔成型时周围易产生熔接痕，导致孔的强度降低，故设计孔时，孔间距和孔到塑件边缘的距离一般都大于孔径，孔的周边应增加壁厚，以保证塑件的强度和刚度。本设计中沥水孔直接采用型芯成型。

5. 塑件体积、质量和表面积计算

肥皂盒塑件的质量和体积采用 3D 测量，在 Pro/E 软件中，使用塑模部件质量属性验证功能，如图 5.25 所示，可以测得塑件表面积为 694 cm^2，塑件体积为 35.74 cm^3，取 ABS 的密度为 1.03 g/cm^3，即可以得出该塑件制品质量为 36.81 g。

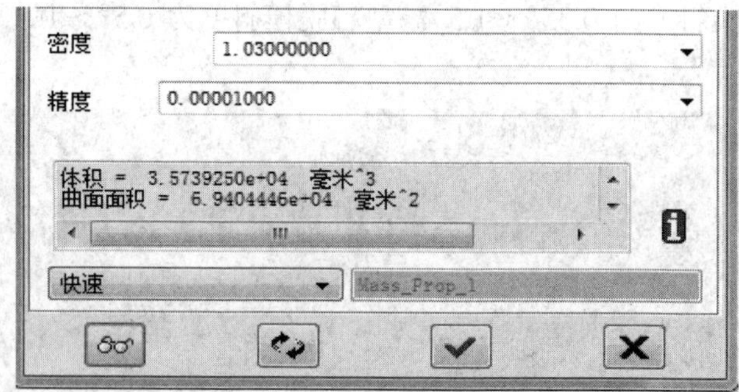

图 5.25　质量属性测量结果

5.2.4　模具结构设计

在模具设计时要根据塑件尺寸及精度等级确定成型零部件的工作尺寸及精度等级。影

响塑件尺寸精度的主要因素有塑件的收缩率、模具成型零部件的制造误差、模具成型零部件的磨损及模具安装配合方面的误差。这些影响因素也是确定成型零部件工作尺寸的依据。

由于按平均收缩率、平均制造公差和平均磨损量计算型芯、型腔的尺寸有一定的误差(因为模具制造公差和模具成型零部件在使用中的最大磨损量大多凭经验决定)，这里计算模具成型零部件的工作尺寸只考虑塑料的收缩率。

1. 收缩率设置

在 Pro/E 进行模具设计时，在分模前都需要设置产品收缩率，这会直接影响到产品尺寸。由于本设计采用 ABS 材料，因此肥皂盒尺寸收缩率设置为 0.5%，如图 5.26 所示。

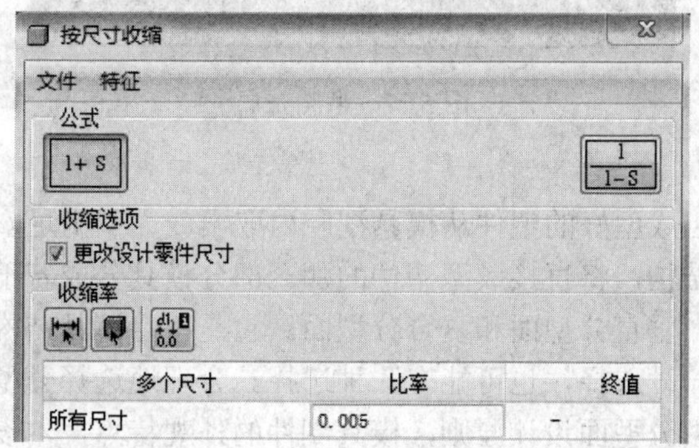

图 5.26 收缩率设置

2. 模具成型零件尺寸计算

选定 ABS 材料的平均收缩率为 0.5%，模具成型零部件工作尺寸的公式为：

$$A = B + 0.005B \tag{5.15}$$

式中：A——模具成型零部件在常温下的尺寸，mm；

B——塑件在常温下实际尺寸，mm。

成型零部件工作尺寸的公差值可取塑件公差的 1/3～1/4，或取 IT7～IT8 级作为模具制造公差。在此，型腔工作尺寸公差取 IT8 级，型芯工作尺寸公差取 IT7 级。模具型腔的最小尺寸为基本尺寸，偏差为正值，模具型芯的最大尺寸为基本尺寸，偏差为负值，中心距偏差为双向对称分布。

3. 确定型腔数和布置方式

模具型腔数目的确定和诸多因素相关，如塑件结构特点、精度、批量大小、模具制造难度、浇注方式、顶出系统结构、冷却系统等。由于本设计塑件尺寸较小，因此采用点浇口，模腔数目设计为 2 个，1 个注射周期内生产 2 个塑料制品。

型腔的配置实质上是模具总体方案的规划和确定，因为一旦型腔布置完毕，浇注系统的走向和类型便已确定。冷却系统和推出机构在配置型腔时也必须给予充分重视，若冷却水道与推杆孔、螺栓发生冲突，要在型腔布置中进行调整，当型腔、浇注系统、冷却系统、推出机构的初步位置确定后，模板的外形尺寸基本上就已经确定，从而可以选择合理的标准模架。本设计中塑件是上下两部分配合装配使用，需要相同的注射工艺参数，以达到较高的成功率，模具采用点浇口，并采用对称式布局，如图 5.27 所示。

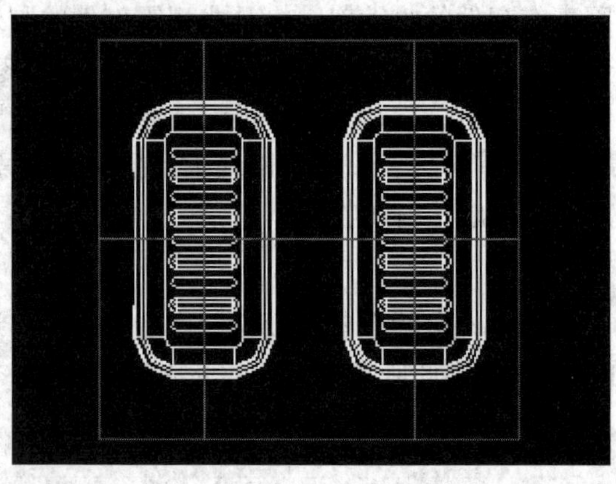

图 5.27 型腔布局

4. 确定分型面

分型面是为了将已成型好的塑件从模具型腔内取出或为了满足安放嵌件及排气等成型的需要，根据塑件的结构，将直接成型塑件的那一部分模具分成若干部分的接触面。分型面可分为水平分型面、垂直分型面和复合分型面。它是决定模具结构的重要因素，每个塑件的分型面可能只有一种选择，也可能有几种选择。合理地选择分型面是使塑件能完好地成型的先决条件。根据分型面设计原则，模具制件的外观特点，本设计采用平面分型面，分型面位置在塑件最大平面处，开模后塑件留在动模一侧。

5. 型腔和型芯设计

型腔是用来成型制品外形轮廓的模具零件，其结构与制品的形状、尺寸、使用要求、生产批量及模具的加工方法等有关，常用的结构形式有整体式、嵌入式、镶拼组合式和瓣合式 4 种类型。

本设计中采用嵌入式型腔和型芯，如图 5.28 所示，其特点是结构简单，牢固可靠，不容易变形，成型制品表面不会有镶拼接缝的溢料痕迹，还有助于减少注射模中成型零部件的数量，并缩小整个模具的外形结构尺寸。不过模具加工起来比较困难，要用到数控加工或电火花加工。型芯与动模板的配合可采用 H7/P6。

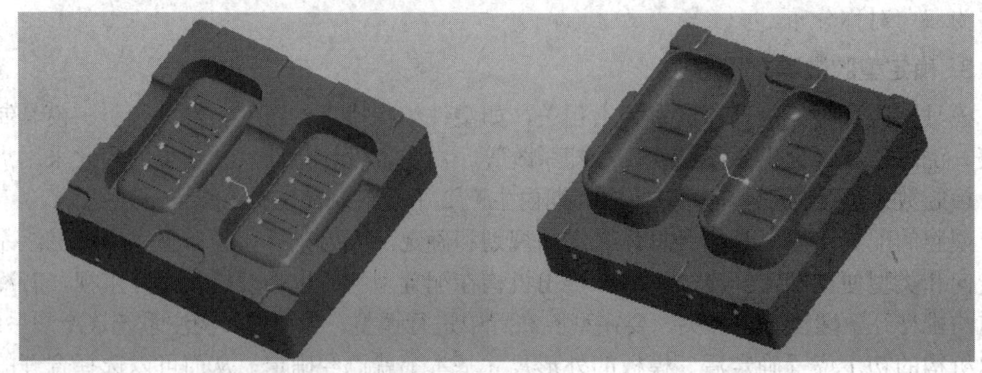

(a) 型腔　　(b) 型芯

图 5.28 成型零部件

6. 浇注系统组成

如图 5.29 所示，普通流道浇注系统的组成一般包括以下几个部分：主流道、分流道、拉料杆、浇口、冷料井和主流道衬套。

图 5.29　浇注系统

1) 主流道的设计

主流道是浇注系统中从注射机喷嘴与模具相接触的部分开始，到分流道为止的塑料熔体的流动通道。设计中选用的注射机为海天 80XB，其喷嘴直径为 3.5 mm，喷嘴球面半径为 16 mm。

2) 主流道衬套

选用如图 5.29 所示类型的衬套，这种类型可防止衬套在塑料熔体反作用下退出定模。将主流道衬套和定位环设计成 2 个零件，然后配合固定在模板上，衬套与定模板的配合采用 H7/m6。

3) 定位环的固定

定位环采用 2 个 M6X20 的螺丝直接锁附固定。

4) 分流道设计

分流道是指主流道末端与浇口之间这一段塑料熔体的流动通道，分流道应能满足良好的压力传递和保持理想的填充状态。本设计中由于塑件排布比较紧凑，塑件尺寸较小，塑料流动性良好，因此采用点浇口，位于塑件内侧。分流道形状如图 5.30 所示。

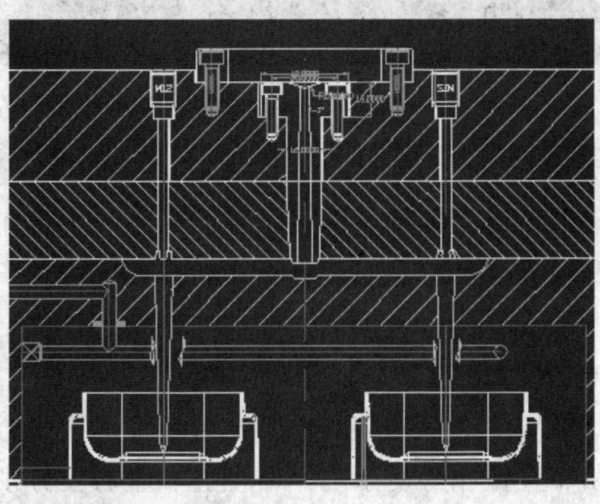

图 5.30　流道与布局

7. 拉料杆设计

点浇口主流道需要设置拉料杆，使开模时分流道与产品分离，根据实际选用适当值。本设计采用直径为 10 mm 的拉料杆。

8. 冷料井设计

主流道末端需要设置冷料穴以免制品中出现固化的冷料头。因为最先流入塑料会接触温度低的模具而使料温下降，如果让这部分温度已经下降了的塑料流入型腔会影响制品的质量，为解决这一问题，必须在主流道或者分流道末端设置冷料穴，以便将这部分冷料存留起来。

9. 模具冷却系统设计

注射成型过程是一个热交换过程，在塑料成型周期中，3/4 以上时间用于模具冷却。冷却系统的设计，直接影响着模具冷却效率和型腔表面温度，从而对注射生产效率和质量产生重要影响。一个高效和均匀的冷却系统设计能够显著地减少冷却时间，提高成型效率，并对消除塑件翘曲变形、内部应力及表面质量缺陷产生影响。在注射模中，模具的温度直接影响到塑件的质量和生产效率。由于各种塑料的性能和成型工艺要求不同，因此对模具温度的要求也不相同。一般注射到模具内的塑料粉体的温度为 200℃左右，熔体固化成为塑件后，从 60℃左右的模具中脱落，温度降低是依靠在模具内通入冷却水将热量带走实现的。本设计中材料为 ABS 塑料，注射温度的可调区间比较大，一般使用温度为 180～240℃，仅需要设置冷却系统即可，因为调节水的流量就可以调节模具的温度，如图 5.31 所示。冷却系统 CAD 主要包括 3 大模块：初始化模块、水管回路设计模块和标准件选择模块。

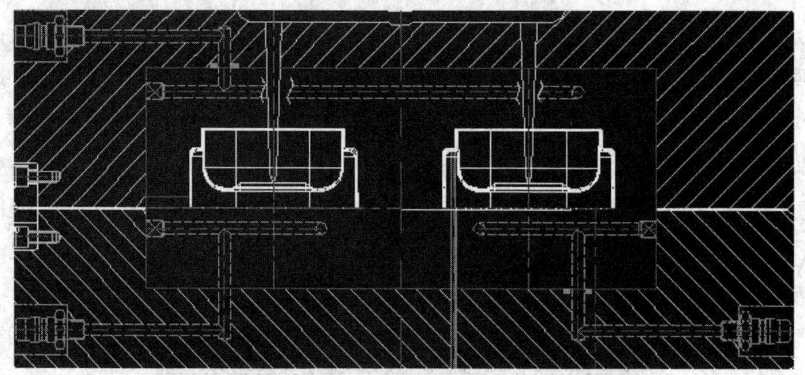

图 5.31　冷却系统

1) *冷却系统初始化设计*

在初始化模块中，输入一定的初始条件，计算冷却系统水管布置所需参数。根据实验结果，熔体中的热量有 95%被冷却介质带走。在系统初始化设计中，通过冷却系统公式对各个参数进行计算。

2) *冷却水管回路设计*

在冷却水管回路设计模块中选择相应的水管布置特征加以组合，得到用户所需的水管布置形式。冷却水管回路布置是相当复杂的，对型腔和型芯要分别布置，有时还要布置好几层回路。通过分析注射模冷却系统的各种情况，进行回路类型选择，再加以组合，从而得到所要求的冷却回路，如图 5.32 所示。

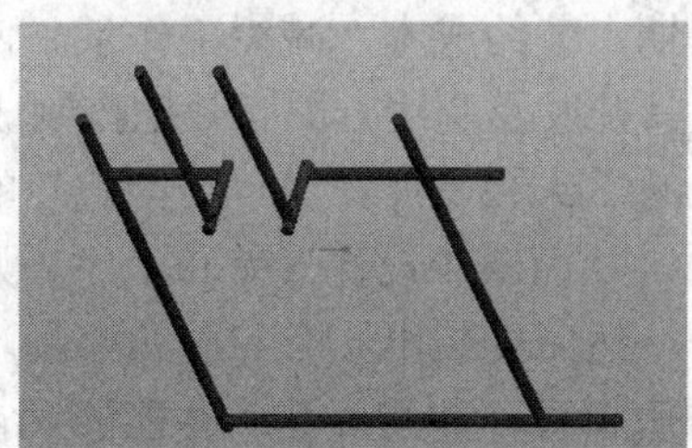

图 5.32　冷却水管回路设计

3) 标准件选择

根据用户的要求，选择与水管回路相匹配的冷却系统标准件。冷却系统中的标准件有水管接头、快速接头、铜塞、密封圈等。对冷却系统中的标准件可事先建成标准件库，采用数据库和参数化技术相结合的方法进行选择。

10. 推杆机构具体设计

1) 顶针布置

该塑件采用了直径为 2 mm 大小的顶针，共用了 32 根顶针，其分布情况如图 5.33 所示，这些顶针均匀地分布在产品边缘处，使制品所受的推出力均衡。

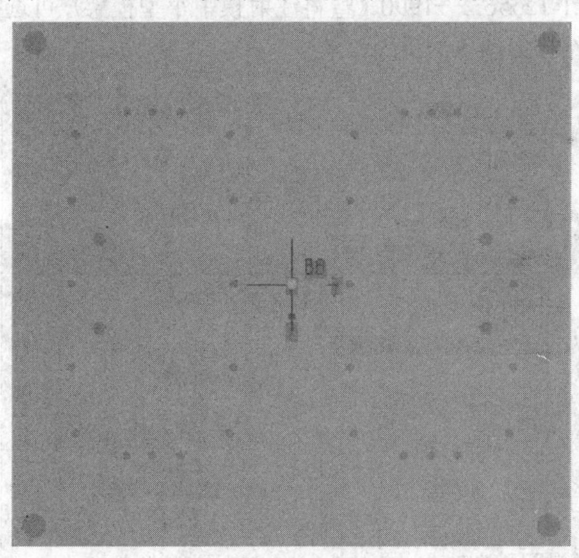

图 5.33　顶针布置

2) 顶针设计

本设计中采用台肩形式圆形截面顶针，直径为 2 mm，顶针端平面没有轴向窜动。顶针与顶针孔配合一般为 H8f8 或 H9f9，其配合间隙不大于所用溢料间隙，以免产生飞边，ABS 塑料的溢料间隙为 0.05 mm。

11. 模架设计

1) EMX 7.0 简介

EMX 是 PROE 软件的模具设计外挂，是 PTC 公司合作伙伴 BUW 公司的产品。EMX 7.0

为 Pro/E 系统的注射模设计模块，可视为模座设计专家系统，可以使设计师直接调用公司的模架，节省模具设计开发周期，节约成本，减少工作量。使用该模具库会使家用电器、玩具和汽车零件制造商们在模具开发及制造方面有效地控制成本。

该模具库不只是一个标准的 3D 模具库，其"智能式"的设计还可以让工程师轻松实现 3D 环境下零件装配和更改，从而减少设计误差和工序。只需要若干次鼠标点击，用户便可从模具库内抽出所需部分，然后安装出一个完整的模具。由于模具库内的所有零部件均为 3D 格式，如设计螺钉和脱模顶杆的排屑孔，并能够对它们进行快速及实时预览，因此，工程师能够及早发现设计误差。这一特征可以大幅减少最后时刻的设计变更，最终节约了资金和资源。目前，制造工程师面临的最大挑战是如何在模架设计和细化中找出时间来加强质量、速度和创新。

2) 确定模具的基本类型

注射模具的分类方式很多，按注射模具的整体结构可分类如下：单分型面注射模、双分型面注射模、带有活动成型零件的模、侧向分型抽芯注射模、定模带有推出机构的注射模、自动卸螺纹的注射模、热流道注射模。根据对塑件的综合分析，确定该模具是单分型面的模具。

3) 模架选择

根据 GB/T12556.1-12556.2—1990《塑料注射模中小型模架》可选择供应商为龙记中的 FCI 型模架，其基本结构如图 5.34 所示。

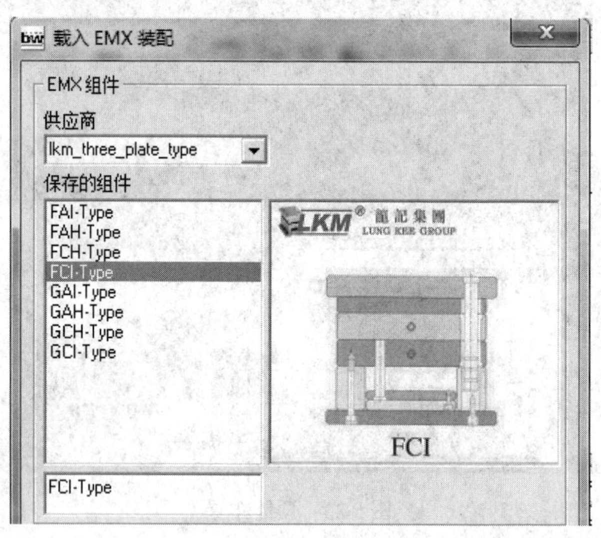

图 5.34　载入 EMX 装配

FCI 型模具定模采用 2 块模板，动模采用 1 块模板，简化细水口模架，适合点浇口注射成型模具。

由分型面的样式选择模具的导柱导套的安装方式，经过分析，导柱导套选择正装。根据所选择的模架的基本型可以选出对应的模板的厚度以及模具的外轮廓尺寸，经过计算可以知道该模具是一模二腔的模具，而型腔之间的距离为 40 mm。把型腔排列成一模二腔可得模具的长为 260 mm，宽为 240 mm，模架的长 $L = 260 +$ 复位杆的直径 + 螺钉的直径 + 型

腔壁厚 ≈ 400 mm。模架的宽 B = 240 + 复位杆的直径 + 型腔壁厚 ≈ 400 mm。

根据内模仁的尺寸，在计算完模架的长和宽以后，还需要考虑其他螺丝导柱等零件对模架尺寸的影响，在设计中避免干涉。

取 $B \times L$ = 400 mm × 400 mm 的模架，塑件高度为 40 mm，塑件胶位在型腔型芯部分都有，该模具结构简单，型芯、型腔固定总高度为 70 mm，为满足强度要求，A 板的厚度取 100 mm，B 板的厚度取 80 mm，C 板的厚度取 120 mm(C 板的选择应考虑推出机构的推出距离是否满足推出高度)。

综上所述，本设计选择的模架型号为：FCI-4040-A100-B80-C120，如图 5.35 所示。

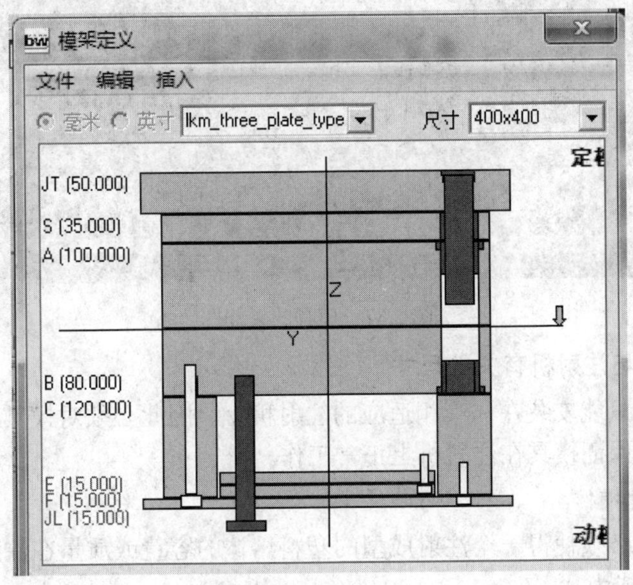

图 5.35　模架定义

12. 绘制模具结构图

注射模完整的三维图和爆炸图如图 5.36、5.37 所示，在总体结构设计时切忌将模具结构设计得过于复杂，应优先考虑采用简单的模具结构形式，因为在注射成型实际生产中所出现的故障，大多是由于模具结构复杂所引起的。结构草图完成后，若可能，应与工艺、产品设计及模具制造和使用人员共同探讨直至相互认可。

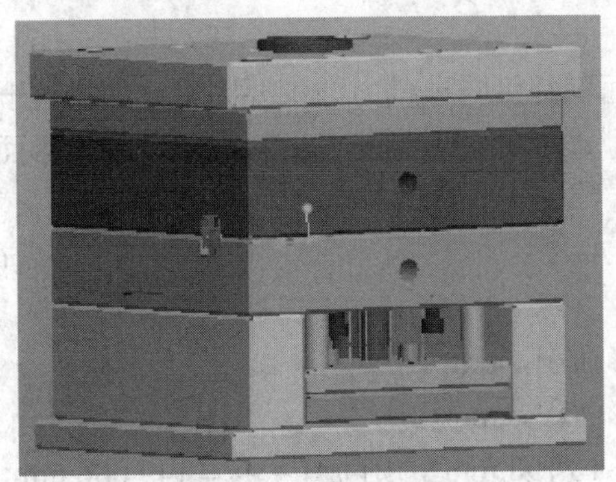
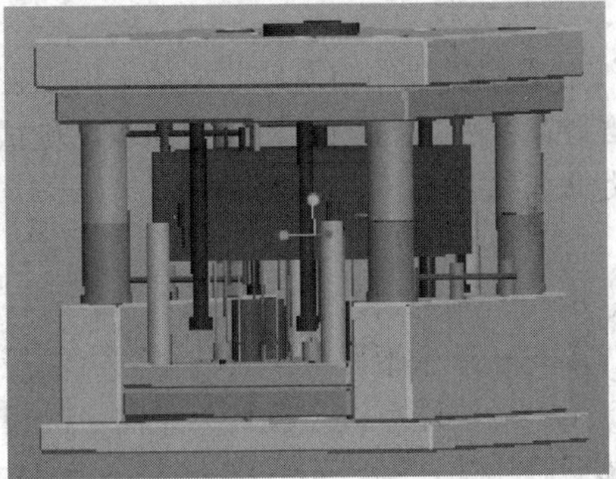

图 5.36　模具的三维图

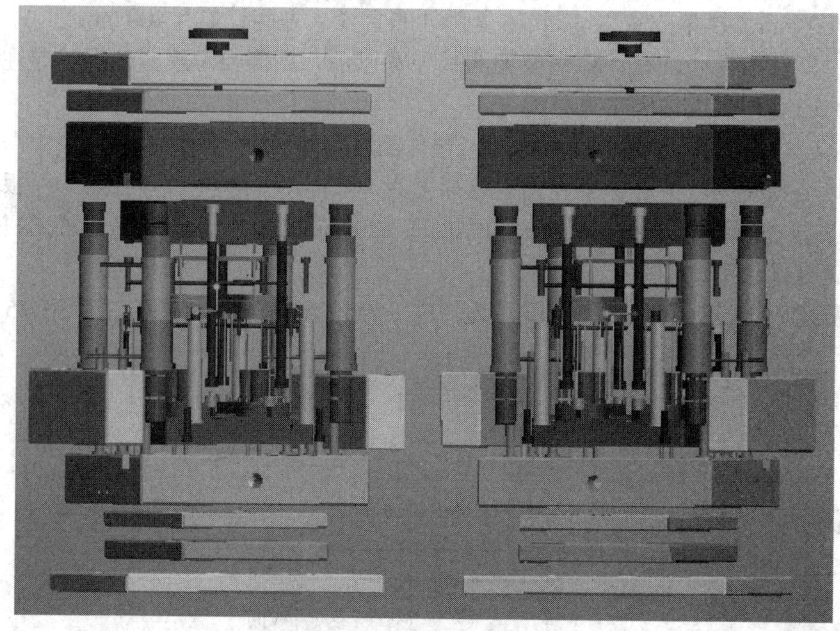

图 5.37　模具的爆炸图

13. 校核模具与注射机有关的尺寸

因为每副模具只能安装在与其相适应的注射机上，因此必须对模具上与注射机有关的尺寸进行校核，以保证模具在注射机上正常工作。

1) 最大注射量校核

模具设计时，必须使得一个注射成型的塑料熔体的容量或质量在注射机额定注射量的80%以内。校核公式为：

$$nm_1 + m_2 < 80\%m \tag{5.16}$$

式中：n——型腔数量，个；

m_1——单个塑件的质量，g；

m_2——浇注系统所需塑料的质量，g。

本设计中，$n = 2$，$m_1 = 36.8$ g，$m_2 = 18.1$ g，所以求得所需注射量 $m = 114.6$ g，注射机额定注射量为 1000 g，注射量符合要求。

2) 锁模力校核

注射成型时塑件的模具分型面上的投影面积是影响锁模力的主要因素。如果这一数值超过了注射机所允许的最大成型面积，则成型过程中会出现涨模溢料现象，故投影面积必须满足以下关系。

$$nA_1 + A_2 < A \tag{5.17}$$

式中：n——型腔数目，个；

A_1——单个塑件在模具分型面上的投影面积，mm^2；

A_2——浇注系统在模具分型面上的投影面积，mm^2。

本设计中，$n = 2$，$A_1 = 69\,404\ mm^2$，$A_2 = 10\,198\ mm^2$，则 $nA_1 + A_2 = 149\,006\ mm^2$。

注射成型时为了得到可靠的锁模，应使塑料熔体对型腔的成型压力与塑件和浇注系统在分型面上的投影面积之和的乘积小于注射机额定锁模力。根据工具书查得，型腔内通常为 20～40 MPa，一般制品为 24～34 MPa，精密制品为 39～44 MPa，此处 P 取 30 MPa。$(nA_1 + A_2)P = 149\,006 \times 30 \times 0.001 = 44\,760\ \text{N} < 4500\ \text{kN}$，锁模力符合要求。

3) 开模行程校核

模具开模后为了便于取出制件，要求有足够的开模距离，所谓开模行程是指模具开合过程中动模固定板的移动距离。注射机的开模行程是有限的，设计模具必须校核所选注射机的开模行程，以便与模具的开模距离相适应。对于多分型面注射模应有：

$$S_{\max} > S = H_1 + H_2 + H_3 + H_4 + C \tag{5.18}$$

式中：H_1——流道脱模开距；

H_2——顶出行程；

H_3——塑件高度；

H_4——模厚；

C——安全距离。

本设计中，$H_1 = 340$ mm，$H_2 = 60$ mm，$H_3 = 40$ mm，取 $C = 50$ mm，则 $S = 490\ \text{mm} < S_{\max} = 1800$ mm，所以开模行程符合要求。

14. 校核模具有关零件的强度和刚度

对于成型零件及主要受力的零部件都应进行强度及刚度的校核。一般而言，注射模具的刚度问题比强度问题更重要些。根据校核的结果对模具图进行必要修改，最终得到模具总图。

第 6 章　模具 CAM 技术

模具 CAM 是集成制造系统的主要内容，以数控加工为核心，通过合理地安排加工过程以提高制造水平和经济效益。模具生产分为设计和制造两个阶段，CAM 并不独立存在，它与 CAD 技术构成现代生产的核心内容。CAM 技术应用于产品设计之后直至产品加工完成为止的整个过程。

6.1　CAM 技术的相关概念及发展历史

6.1.1　基本概念

1．数控技术(NC)

数控技术，简称数控(Numerical Control)，是采用数字控制的方法对某一工作过程实现自动控制的技术。它所控制的通常是位置、角度、速度等机械量和与机械能量流向有关的开关量。数控技术的产生依赖于数据载体和二进制形式数据运算的出现。

2．计算机数控技术(CNC)

计算机数控技术(Computerized Numerical Control，CNC)是采用计算机实现数字程序控制的技术。这种技术用计算机按事先存储的控制程序来执行对设备的控制功能。由于采用计算机替代原先用硬件逻辑电路组成的数控装置，使输入数据的存储、处理、运算、逻辑判断等各种控制机能的实现，均可以通过计算机软件来完成。数控技术是制造业信息化的重要组成部分。

3．数控机床

数控机床是计算机数字控制机床(Computer Numerical Control Machine Tools)的简称，是一种由程序控制的自动化机床。数控机床的控制系统能够有逻辑地处理具有控制编码或其他符号指令规定的程序，通过计算机将其译码，从而使机床执行规定好的动作，通过刀具切削将毛坯料加工成半成品零件。数控加工智能逆向仿真系统 Virtual CNC 是一套通过逆向后置处理器和虚拟机床来模拟实际 CNC 控制器和机床，并在电脑端进行检验 CNC 加工过程的软件。它根据机器、刀具、毛坯和夹具信息来模拟加工 CNC 程序，并能鉴定加工过程中存在的错误。

4．加工中心(MC)

加工中心简称 MC(Machining Center)，是在普通机床的基础上增加了自动换刀装置及

刀库，并带有其他辅助功能，从而使工件在一次装夹后，可连续、自动完成多个平面或多个角度位置的钻、扩、铰、镗、攻丝、铣削等工序的加工，工序高度集中，效率及精度非常高。

5. 插补运算

插补计算是对数控系统输入的基本数据(如直线的起点、终点坐标，圆弧的起点、终点、圆心坐标等)，运用一定的算法计算，根据计算结果向相应的坐标发出进给指令。对应每一进给指令，机床在相应的坐标方向上移动一定的距离，从而加工出工件所需的轮廓形状。

实现插补运算的装置称为插补器。控制刀具或工件运动轨迹的是轮廓控制数控机床的核心。无论是硬件数控(NC)系统，还是计算机数控(CNC)系统，都有插补装置。在 CNC 中，以软件(即程序)插补或者以硬件和软件联合实现插补，而在 NC 中，完全由硬件实现插补。

6.1.2　CAM 中的基本术语

1．与加工区域相关的基本术语

如图 6.1 所示。

岛：由一个闭轮廓所界定，指定待加工区域(内部不需加工)。

轮廓：是一系列首尾相连的曲线的集合，指定待加工曲线(封闭或开放)。

区域：由一个闭轮廓和若干个岛围成的内部空间，指定待加工区域。

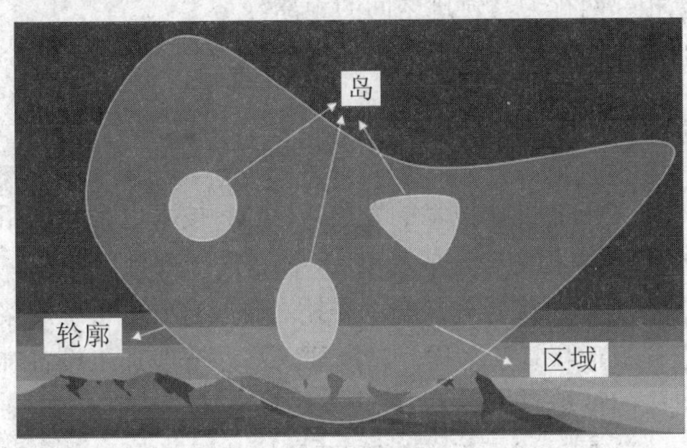

图 6.1　加工区域示意图

2．与速度相关的基本术语

主轴转速：切削加工时，主轴转动的角速度(rad/min)。

切削速度：正常切削时，刀具行进的进给速度(mm/min)。

接近速度：刀具从慢速下刀高度到工件起切点的运动速度。

退刀速度：刀具离开工件回到安全高度的运动速度。

快速进给速度：指在安全高度以上刀具行进的进给速度，一般取机床的 G00。

行间连接速度：两行刀具轨迹间刀具的移动速度。

3．与高度相关的基本术语

起止高度：进退刀时刀具的初始高度，应大于安全高度。

安全高度：在此高度上，刀具可以快速移动而不发生任何干涉，应大于工件的最大高度。

慢速下刀高度：当刀具快速下刀距起切点某一高度时，以接近速度下刀。

残留高度：3 轴加工时，由于行距造成两行间的一些材料未被切除，材料的最高处距造型曲面的距离即残留高度。

4．与干涉相关的基本术语

自身干涉：指被加工曲面本身存在刀具切削不到的部分。

面间干涉：加工一组曲面时，过切到其他曲面。

5．与面相关的基本术语

导动面(线)：在进行切削运动过程中，引导刀具运动的面(线)。

零件面：指在刀具沿导动面(线)运动时控制刀具高度(Z)的面。

检查面(线)：指定刀具沿导动面在零件面上运动停止的位置面(线)，也是用来检查刀位轨迹的面(线)。

6．其他基本术语

刀具轨迹：由一系列刀位点和连接这些刀位点的直线插补段或圆弧插补段组成。

刀位点：构成刀具轨迹的一些关键控制点。

行距：加工轨迹相邻两行刀具轨迹之间的距离。

刀次：所加工的曲面在进给方向上的走刀次数。

6.1.3　CAM 的发展历史

随着计算机技术与 CAD 设计技术的发展，CAM 技术也得到了相应发展，并逐渐与 CAD、CAE 和 CAPP 等技术相融合，成为 CAX 体系的一部分。

1948 年，美国帕森斯公司接受美国空军委托，研制直升飞机螺旋桨叶片轮廓检验用样板的加工设备。由于样板形状复杂多样，精度要求高，一般加工设备难以适应，于是提出采用数字脉冲控制机床的设想。

1949 年，该公司与美国麻省理工学院(MIT)开始共同研究，并于 1952 年试制成功第 1 台 3 坐标数控铣床，当时的数控装置采用电子管元件。

1955 年，美国麻省理工学院开发了数控机床的加工零件编程语言 APT，它类似于 FORTRAN 的高级语言，增强了几何模型的定义、刀具运动等语句的功能，使编程简单化。

1959 年，数控装置采用了晶体管元件和印刷电路板，出现带自动换刀装置的数控机床，称为加工中心(Machining Center，MC)，使数控装置进入了第 2 代。

1965 年，出现了第 3 代的集成电路数控装置，不仅体积小，功率消耗少，且可靠性提高，价格进一步下降，促进了数控机床品种和产量的发展。此时还开发出编程机和部分编

程软件(如 FANUC、SIEMENS)。

20 世纪 60 年代末，先后出现了由 1 台计算机直接控制多台机床的直接数控(简称 DNC)系统，又称群控系统，允许编程者直接将数控代码文件传送到数控机床，从而消除了穿孔纸带。

20 世纪 70 年代初，采用小型计算机控制的计算机数控(简称 CNC)系统的出现，使数控装置进入了以小型计算机化为特征的第 4 代。

1974 年，研制成功使用微处理器和半导体存储器的微型计算机数控(简称 MNC)装置，这是第 5 代数控系统。

20 世纪 80 年代初，随着计算机软、硬件技术的发展，出现了能进行人机对话式自动编制程序的数控装置；数控装置愈趋小型化，可以直接安装在机床上；数控机床的自动化程度进一步提高，具有自动监控刀具破损和自动检测工件等功能。

20 世纪 90 年代后期，出现了 PC+CNC 智能数控系统，即以 PC 机为控制系统的硬件部分，在 PC 机上安装 NC 软件系统，此种方式系统维护方便，易于实现网络化制造。

目前，CAM 技术已经成为 CAX(CAD、CAE、CAPP、CAM)体系的重要组成部分，可以直接在 CAD 系统中建立起来的参数化、全相关的三维实体模型上进行加工编程，生成正确的加工轨迹。典型的 CAM 系统有 UG、Pro/E、Cimatron、MasterCAM 等，基本可以实现机械设计与制造的智能化、自动化。

6.2　CAM 的主要研究内容

CAM 不是数控技术(NC)，也不是数控机床(CNC)，它有更加丰富的内涵。把它简单地理解为数控加工是对 CAM 主要内容的误解。CAM 包括：毛坯设计、加工方法确定、工步划分、刀具选择、工序设计、加工路线的确定、尺寸公差计算、切削参数选定、定位基准/夹具方案选择、刀具/夹具等工装设计、NC。

同常规加工相比，数控加工大大简化工艺设计，特别是在加工中心上进行机械加工时，机床凭借本身的精度和加工特点(比如一次加工可以完成多项工作)保证了各加工元素的形状公差及其各元素之间的位置公差。

6.2.1　加工面识别

在 CAD/CAM 系统未集成、或者信息表达不完整时，这部分工作是由设计者人工完成的。目前，在完善的特征造型技术支持下，加工面可以达到自动识别。系统采用特征的方式以完整的数据结构表示零件信息，包括零件的几何和拓扑信息，同时包括加工精度、公差、材质等工艺信息，这些信息可以作为后续处理的依据和基础。由于零件结构往往比较复杂，准确理解各几何元素之间的关系很困难，不过已经有科研人员开发出理解和处理这些加工信息的专家系统，在对工件进行分类的基础上，对特定类别的工件提出解决方案，可以大大简化加工信息的识别。

6.2.2 加工方式选择

加工设备是决定模具质量的第一要素，由于模具的精度要求比较高，在经济实力允许的情况下，应当首选自动化机床。在自动化机床中，则首先考虑使用加工中心，它可以将数控车床、数控铣床和数控钻床等功能集成于一体，在一次装夹中完成多道工序加工，满足工序集中原则，最大限度提高生产效率。通常，模具中的一些要素可以采用不同的方式进行加工，伴随着得到不同的加工精度。在冲裁模具中，最主要的部分为凸模和凹模；在注射模具中，最主要的部分为型腔和型芯，将这些关键部分安排在数控机床上进行加工，其他零件可以在普通机床上完成加工或者购买标准零部件，从而节约生产成本。

6.2.3 工艺路线确定

正确地设计加工顺序可以有效地减少刀具空程和工件装夹次数，合理安排加工工艺路线，可以有效提高加工质量和提高生产效率。通常情况下，在满足零件结构和工艺要求的基础上，选择初定位基准面，然后按由粗到精的顺序加工其他元素。有时各加工面是相互配合的，正如基准面为后续加工的基础一样；有时各个面对加工工艺要求又是相互矛盾的，合理的加工顺序安排应该在协调各个方面要求基础上取得。划分工序和确定工艺路线基本原则是先粗后精，先主后次，先面后孔、基面先行，以粗加工保证生产效率，精加工保证质量。当然工艺路线制定要考虑的因素很多，因此很难完全通过自动化完成工艺路线制定。

当今流行的计算机辅助模具设计的商用软件中都包含计算机辅助工艺规程模块，该模块在分析模具加工设备、操作人员和相关技术储备基础上，结合专家系统，可以自动或者人机交互的方式，辅助性完成模具的加工路线制定。

6.2.4 刀位轨迹生成

模具 CAD、CAM 软件可以提供实体造型和特征造型的方法产生实体模型，设计人员采用人机交互的方式确定待加工边界，定义刀具等工艺设计，结果产生刀位文件 CLSF，最后通过后置处理产生机床加工控制指令。比如，定义一个铣加工，首先确定驱动加工的元素(点、曲线、曲面)，然后是刀具中心轴的状态(固定、变化)，接下来是根据工件的公差、加工余量、曲面特点以及粗精加工等因素确定刀具轨迹。

6.2.5 干涉检验

模具 CAM 自动检验两个方面的情况，一是刀具与工件以及刀具与夹具之间的干涉，如刀杆、夹具与工件之间在切削时发生碰撞，又叫碰撞干涉或全局干涉(Collision)；另一方面是加工过程中的漏切和过切，称为过切干涉(Gouge)。如图 6.2 所示。

过切干涉现象一般发生于内凹区域(曲率半径较小)、曲率突变区域、切线不连续和表面存在间隙的情况下，在加工过程中刀具切入了不该切的部分。碰撞干涉是指刀杆、动力头与加工曲面及其附近的约束曲面，如机床、夹具及其辅件之间发生的相互碰撞。

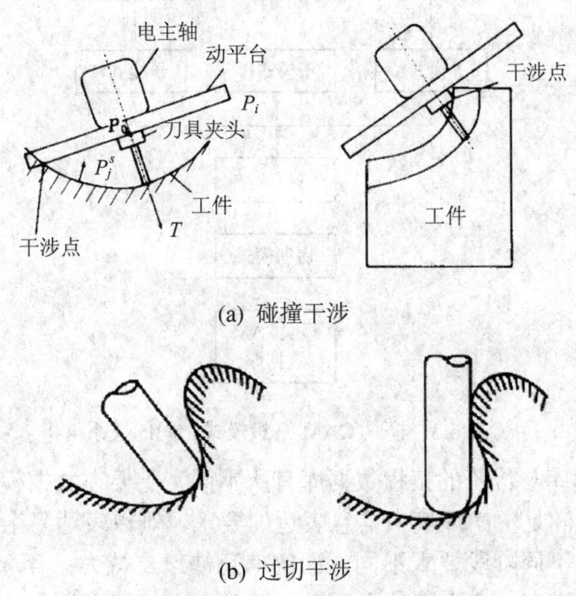

(a) 碰撞干涉

(b) 过切干涉

图 6.2　干涉示意图

6.2.6　工艺数据库

对于一个完整的加工系统来说，工艺数据库是很有必要的。工艺数据库包含材料文件、刀具文件、夹具文件以及机床文件等。新设计的刀具和夹具，以及最新的材料和机床参数都应该尽快补充到数据库中，以便设计加工工艺时使用，同时数据库中还应包括公差和配合、切削用量选择等标准数据。典型零件的加工工艺也应该成为数据库中的内容，后续的设计者可以借鉴成功的案例。

模具 CAM 数据库是将模具设计数据、图形、图表、工艺参数、进程计划，以及 APT(自动生成刀具轨迹程序)程序，生成 NC 程序等的相互关系，按照其自身内在的联系来构造数据，把数据及各个环节的事物间的描述都存入数据库，并且设计出专用的软件来对各类数据进行存取、组合和管理，以满足模具 CAM 的各种需要。模具 CAM 数据库允许用户使用逻辑地址、抽象地址处理数据，而不必涉及这些数据在计算机中是怎样存放的。其实模具 CAM 数据在其数据库系统中经过两次变换：第一次，系统为减少冗余量，实现数据共享，把所有用户的数据进行综合、抽象成一个统一的数据规图；第二次，为了提高存放效率，改善性能，把全局规图的数据按照物理组织的最优化形式来存放。在数据库中，用户模型(子模式)，数据模型(模式)和内模型(物理模式)是可以相互转化的。只有这样，才能合理利用资源，优化数据，存取方便。

当用户向数据库管理系统发出读取命令时，它会将数据经三级模式转换，送到用户工作区供用户使用。反之，用户要将数据存入数据库时，过程与上述相反。模具 CAM 数据库中数据的三级模式转换过程见图 6.3。

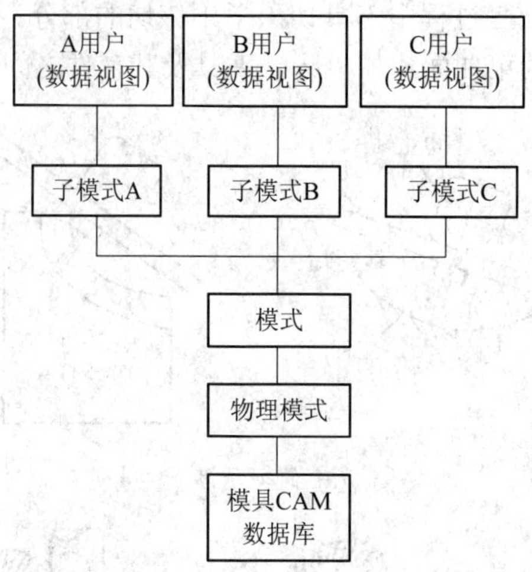

图 6.3 模具 CAM 三级模式之间的关系

模具 CAM 数据库与传统的工程数据库有所不同，主要在数据模型上有所区别。传统的数据模型不能完全满足生产环境中信息表达的要求，难以表达复杂实体及联系，缺乏动态模式修改能力；对不同阶段要求不同方面的信息缺乏支持力；存取效率低。模具 CAM 数据库采用面向对象模型，能方便地为用户处理具有内部层次的各种数据；支持用户定义新的数据类型和新的操作；具有灵活方便的修改和定义系统数据模式的能力；对模具 CAM 整个数据库系统具有较强的管理能力，为用户提供优良的工作接口。

6.3 数控机床

机床(Machine Tool)是指制造机器的机器，亦称工作母机或工具机，习惯上简称机床，一般分为金属切削机床、锻压机床和木工机床等。现代机械制造中加工机械零件的方法常为切削，这种方法加工出的零件具有较高精度和较低表面粗糙度。机床在国民经济现代化的建设中起着重大作用。当今用于切削的机床根据其加工效率、精度可分为 3 大类：普通机床、数控机床和加工中心。由于模具材料具有较高的硬度，模具加工面具有复杂的形状，因此模具制造中常用普通数控机床和加工中心。

6.3.1 普通数控机床

1. 数控机床简介

数控机床是数字控制机床(Computer Numerical Control Machine Tools)的简称，是一种装有程序控制系统的自动化机床，如图 6.4 所示。该控制系统能够逻辑地处理具有控制编码或其他符号指令规定的程序，并将其译码，用代码化的数字表示，通过信息载体输入数控装置。经运算处理由数控装置发出各种控制信号，控制机床的动作，按图纸要求的形状和尺寸，自动地将零件加工出来。数控机床较好地解决了复杂、精密、小批量、多品种的零件加工问题，是一种柔性的、高效能的自动化机床，代表了现代机床控制技术的发展方向，是一种典型的机电一体化产品。

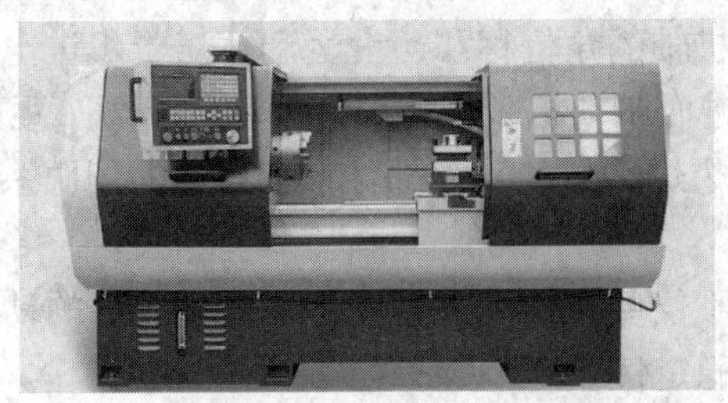

图 6.4　数控机床照片

2. 数控机床组成

数控机床一般由编程载体、输入装置、数字控制装置、伺服系统和机床机械部件这几部分组成，如图 6.5 所示。

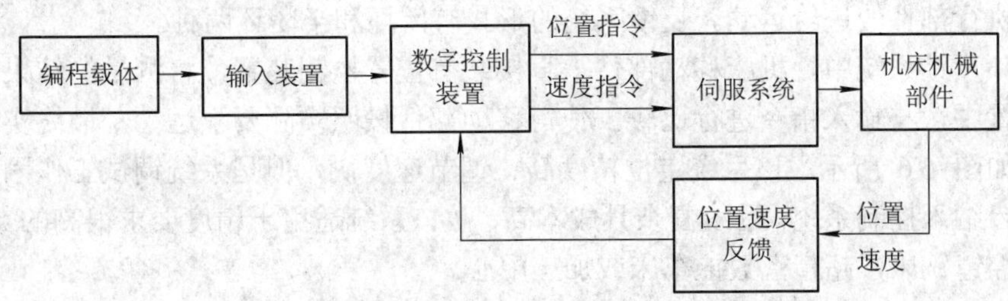

图 6.5　数控机床的组成

1) 输入装置

输入装置是整个数控系统的初始工作机构，它将准确可靠的接收信息介质上所记录的“工程语言”，运算及操作指令等原始数据转换为数控装置能处理的信息，并同时输送给数控装置。输入信息的方式分为手动输入和自动输入。手动输入简单、方便，但输入速度慢，容易出错。现代数控机床普遍采用自动输入，其常见形式有光电阅读机、磁带阅读机以及无带自动输入方式。在高档数控机床上，设置有自动编程系统和动态模拟显示器(CRT)。将这些设备通过计算机接口与机床的数控系统相连接，自动编程所编制的加工程序即可直接在机床上调用，无需经控制介质后再另行输入。

2) 数控装置(又称 CNC 单元)

数控装置是数控机床的核心，由信息的输入、处理和输出 3 部分组成。数控机床几乎所有的控制功能(进给坐标位置与速度、主轴、刀具、冷却及机床强电等多种辅助功能)都由它控制实现。因此数控装置的发展在很大程度上代表了数控机床发展方向。

数控装置的作用主要是接收加工程序及相关的控制信息，并经过分析、处理和分配后，向驱动机构和控制机构发出执行指令。在指令执行的过程中，其检测、控制机构同时将有关信息反馈给数控装置，数据经分析、处理后，再发出下一步指令。如此循环下去，直至加工结束。

3) 伺服系统

伺服系统位于控制装置和机床主体之间，由驱动器、驱动电机及检测元件组成，并与机床上的执行部件和机械传动部件组成数控机床的进给系统。其主要作用就是把数控装置输出的脉冲信号(脉冲电压约为 5 V 左右，脉冲电流为毫安级)经功率放大电路放大转为较强

的电信号(驱动电压约几十伏至几百伏，电流可达几毫安)，然后将接收到的上述数字量信息转换成模拟量，执行电机轴的角位移和角度运动。对于步进电机来说，每一个脉冲信号使得电机转过一个角度，进而带动机床移动部件移动一个微小距离(脉冲当量，常用脉冲当量为 0.001 mm/脉冲)。每个进给运动执行部件都有自己的伺服系统，整个机床的性能及精度主要取决于伺服系统。

数控机床的伺服系统不仅要有较高的精度，还需要良好的动态响应特性，系统跟踪指令信号的响应速度要快，稳定性要高。

4) 位置、速度反馈系统

伺服电动机的转角位移的反馈、数控机床执行机构(工作台)的位移反馈。由光栅、旋转编码器、激光测距仪、磁栅等部件组成。反馈装置将检测的速度和位移结果转换为电信号反馈给数控装置，通过分析比较，计算实际位置与指令位置之间的偏差，并发出偏差指令来控制执行部件的进给运动。反馈系统的形式有闭环和半闭环两种。

在闭环反馈系统中，机床移动部件上直接装有位置检测装置，将测量的结果直接反馈到数控装置中，与输入指令进行比较，使得移动部件按照实际要求运动，最终实现精确定位，原理如图 6.6 所示。该系统定位精度高、调节速度快，但是系统调试工作困难，因为其将工作台纳入控制系统，系统复杂且成本高，故该系统适用于精度要求很高的数控机床，如精密数控镗铣床，超精密数控车床或加工中心。

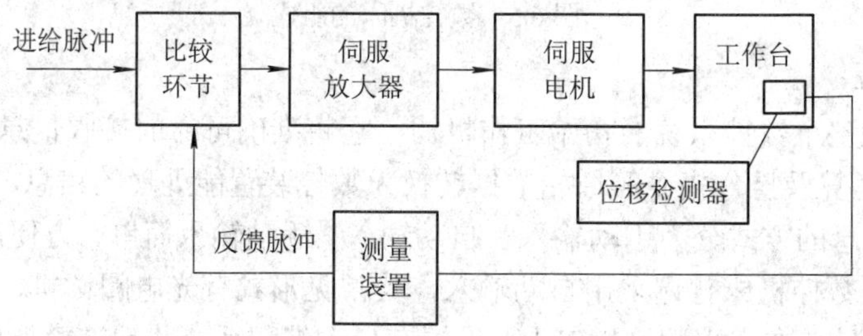

图 6.6　闭环反馈控制系统

在半闭环反馈系统中，伺服电机的丝杠上装有角位移测量装置，通过检测丝杠的转角间接地检测位移部件(工作台)的位移，反馈到数控系统中，由于惯性较大的机床移动部件不包括在检测范围内，因此控制的精度没有闭环控制系统高。机械传动环节的误差，可用补偿的办法进行消除，因此该系统可以获得较为满意的精度，在中档数控机床中较为常见，如图 6.7 所示。

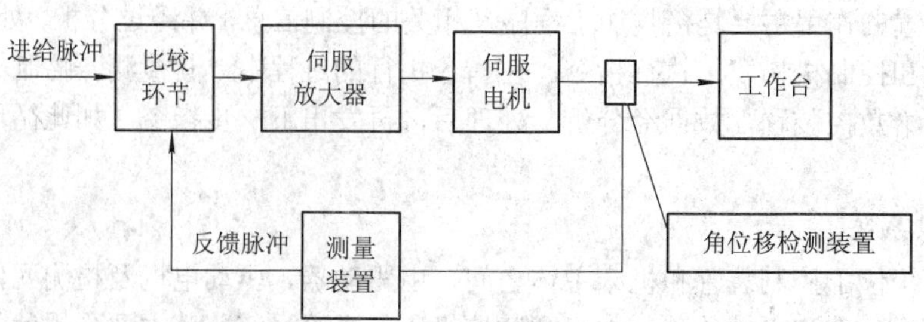

图 6.7　半闭环反馈控制系统

5) 机床部件

机床的主要机械部件有主运动部件、进给部件(工作台、刀架等)、基础支撑件(机身、立柱等)和辅助装置(液压、气动、冷却和润滑装置)。对于加工中心，还有刀库、交换刀具的机械手。数控机床传动机构要求更加简单，在精度、刚度、抗震性等方面要求更高，而且其传动和变速系统更便于实现自动化。

3. 数控机床的特点

数控机床的操作和监控全部在这个数控单元中完成，它是数控机床的大脑。与普通机床相比，数控机床有如下特点：

1) 具有高度柔性

在数控机床上加工零件，主要取决于加工程序，它与普通机床不同，不必制造、更换许多模具、夹具，不需要经常重新调整机床。因此，数控机床适用于所加工的零件频繁更换的场合，亦即适合单件、小批量产品的生产及新产品的开发，从而缩短了生产准备周期，节省了大量工艺装备的费用。

2) 加工精度高

数控机床的加工精度一般可达 0.05～0.1 mm，数控机床是按数字信号形式控制的，数控装置每输出一脉冲信号，机床移动部件移动一具脉冲当量(一般为 0.001 mm)，而且机床进给传动链的反向间隙与丝杆螺距平均误差可由数控装置进行曲补偿，因此，数控机床定位精度比较高。

3) 加工质量稳定、可靠

加工同一批零件，在同一机床和相同加工条件下，使用相同刀具和加工程序，刀具的走刀轨迹完全相同，零件的一致性好，质量稳定。

4) 生产率高

数控机床可有效地减少零件的加工时间和辅助时间，数控机床的主轴声速和进给量的范围大，允许机床进行大切削量的强力切削。数控机床正进入高速加工时代，数控机床移动部件的快速移动和定位及高速切削加工，极大地提高了生产率。另外，与加工中心的刀库配合使用，可实现在一台机床上进行多道工序的连续加工，减少了半成品的工序间周转时间，提高了生产率。

5) 改善劳动条件

数控机床加工前是经调整好后，输入程序并启动，机床就能有自动连续地进行加工，直至加工结束。操作者要做的只是程序的输入、编辑、零件装卸、刀具准备、加工状态的观测、零件的检验等工作，劳动强度大大降低，机床操作者的劳动趋于智力型工作。另外，机床一般是结合起来，既清洁，又安全。

6) 利于生产管理现代化

数控机床的加工，可预先估计加工时间，对所使用的刀具、夹具可进行规范化、现代化管理，易于实现加工信息的标准化，已与计算机辅助设计与制造(CAD/CAM)有机地结合起来，是现代化集成制造技术的基础。

6.3.2 数控加工中心

1. 加工中心介绍

加工中心(Computer Numerical Control Machine，CNC)是由机械设备与数控系统组成的用于加工复杂形状工件的高效率自动化机床，见图 6.8。加工中心备有刀库，具有自动换刀功能，对工件一次装夹后可进行多工序加工。加工中心是高度机电信息一体化的产品，工件装夹后，数控系统控制机床按不同工序自动选择、更换刀具，自动对刀，自动改变主轴转速、进给量和退刀等，可连续完成钻、镗、铣、铰、攻丝等多种工序，因而大大减少了工件装夹时间、测量和机床调整辅助工序时间，对加工形状比较复杂、精度要求较高、品种更换频繁的零件具有更好的经济效益。

图 6.8　加工中心照片

2. 加工中心的用途

1) 周期性重复投产的工件

有些产品的市场需求具有周期性和季节性，如果采用专门生产线则得不偿失，用普通设备加工则效率太低，精度无法保证。采用 CNC 加工中心，首批试切完成后，程序和相关产品信息保留下来，下次产品再生产时，只要很少的准备时间就可以开始生产。CNC 加工中心把很长的单件准备时间平均分配到每一个工件上，使每次生产的平均实际工时减少，生产周期大大缩短。

2) 高精度工件

有些工件需要甚少，但属于关键部件，要求精度高且工期短，用传统工艺需用多台机床协调工作，其周期长、效率低。在长工序流程中，受人为影响容易产生废品，经济损失大。采用 CNC 加工中心进行工作，生产完全由程序自动控制，避免了长工序流程，减少了硬件投资及人为干扰，质量稳定，效率高。

3) 小批量生产的工件

CNC 加工中心生产的优势不仅体现对特殊要求的快速反应上，而且可以快速实现批量生产，提高企业市场竞争力。CNC 加工中心适用于中小批量生产，特别是小批量生产。随着 CNC 加工中心的不断发展，经济批量越来越小，只要大于经济批量企业就可以获益。对于一些复杂工件，5～10 件就可以生产，甚至单件生产也可以使用加工中心。

4) 形状复杂工件

4 轴联动、5 轴联动 CNC 加工中心的应用以及 CAD/CAM 技术的发展成熟，使得加工件的复杂程度明显提高。

5) 其他

加工中心还适合加工多工位和工序集中的工件以及难测量的工件。

3. 加工中心分类

按加工工序分，加工中心可分为镗铣、车铣。

按控制轴分，加工中心可分为 3 轴加工中心、4 轴加工中心、5 轴加工中心。

按主轴与工作台的相对位置分，加工中心可分为卧式加工中心、立式加工中心、万能加工中心。

卧式加工中心指主轴轴线与工作台平行设置的加工中心，主要适用于加工箱体类零件。卧式加工中心一般具有分度转台或数控转台，可加工工件的各个侧面；也可作多个坐标的联动，加工复杂的空间曲面。

立式加工中心指主轴轴线与工作台垂直设置的加工中心，主要适用于加工板类、盘类、模具以及小型壳体类零件。立式加工中心一般不带转台，仅做顶面加工。

万能加工中心(多轴联动加工中心)指通过加工主轴轴线与工作台回转轴线的角度可控制联动变化，完成复杂空间曲面加工的加工中心，适用于具有复杂空间曲面的叶轮转子、模具、刃具等工件加工。

6.3.3　数控机床插补运算控制

插补运算的控制部分称控制器，它是控制机的指挥系统，相当于人的大脑。其作用是发出命令，指挥控制机各部分按一定的时序协调地工作。指挥的时序是根据插补原理和刀具偏移计算的要求而编制出来的；指挥的信号是发出命令脉冲(或电位)，如时序脉冲、移位脉冲、节拍脉冲、进给脉冲和调机脉冲等。控制器就是根据输入装置给定的数据、指令而按照一定的时序发出脉冲来控制一个数控装置或一台计算机有条不紊地工作。直线和圆弧插补如图 6.9 所示。

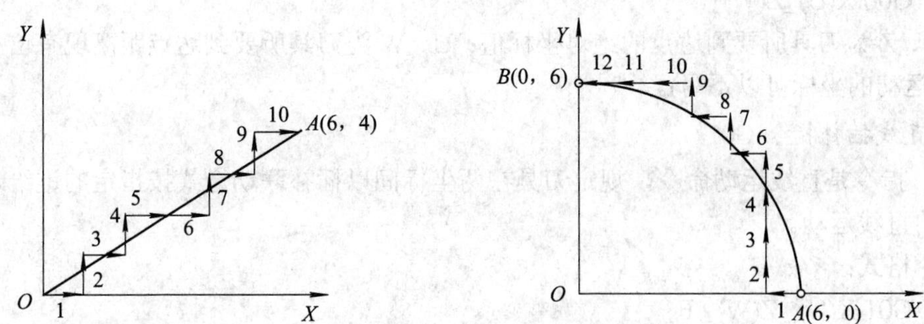

图 6.9　直线与圆弧插补示意图

1. 数控机床插补算法

数控系统中常用的插补算法，有逐点比较法、数字积分法、比较积分法、数据采样法、时间分割法等。

1) 逐点比较法

逐点比较法是一种逐点计算、判别偏差并纠正逼近理论轨迹的方法。具体就是由运动偏差产生信息，通过不断比较刀具与被加工零件轮廓之间的相对位置，决定刀具的进给。

在插补过程中每走一步要完成以下 4 个工作节拍。

(1) 偏差判别——判别当前动点偏离理论曲线的位置。

(2) 进给控制——确定进给坐标及进给方向。

(3) 新偏差计算——进给后动点到达新位置，计算出新偏差值，作为下一步判别的依据。

(4) 终点判别——查询一次，终点是否到达。

2) 数字积分法

数字积分法又称数字微分分析法(Digital Differential Analyzer，DDA)。数字积分法具有运算速度快、脉冲分配均匀、易于实现多坐标联动及描绘平面各种函数曲线的特点，应用比较广泛。其缺点是速度调节不便，插补精度需要采取一定措施才能满足要求。由于计算机有较强的计算功能和灵活性，采用软件插补时，上述缺点易于克服。

3) 数据采样法

数据采样法利用一系列首尾相连的微小直线段来逼近给定曲线。由于这些微小直线段是以插补周期为基本单位对整个加工时间进行分割后间接获得的，因此，数据采样法又称为“时间分割法”。这种方法先根据编程速度，将给定轮廓轨迹按插补周期(某一单位时间间隔)分割为插补进给段(轮廓步长)，即用一系列首尾相连的微小线段来逼近给定曲线，即粗插补；再对粗插补输出的微小线段进行二次插补，即精插补。一般情况下，数据采样插补法中的粗插补是由软件实现的。由于粗插补可能涉及一些比较复杂的函数运算，因此，大多采用高级语言完成。

2. 插补指令

1) 快速定位指令 G00

G00 指令使刀具以点定位控制方式从刀具所在点快速运动到下一个目标位置。它只是快速定位，而无运动轨迹要求，且无切削加工过程。

指令格式：

G00 X(U)_Z(W)_

其中：X、Z 为刀具所要到达点的绝对坐标值；U、W 为刀具所要到达点距离现有位置的增量值(不运动的坐标可以不写)。

2) 直线插补指令 G01

G01 指令是直线运动命令，规定刀具在两坐标间以插补联动方式按指定的进给速度 F 做任意的直线运动。

指令格式：

G01 X(U)_ Z(W)_ F_

其中：X、Z 或 U、W 含义与 G00 相同。F 为刀具的进给速度(进给量)，应根据切削要求确定。

3) 圆弧插补指令 G02、G03

圆弧插补指令有顺时针圆弧插补指令 G02 和逆时针圆弧插补指令 G03 两种。

编程格式：

顺时针圆弧插补指令的指令格式为：

G02 X(U)_ Z(W)_ R_ F_

G02 X(U)_ Z(W)_ I_ K_ F_

逆时针圆弧插补指令的指令格式为：

G03 X(U)_ Z(W)_ R_ F_

G03 X(U)_ Z(W)_ I_ K_ F_

其中：X、Z 是圆弧插补的终点坐标的绝对值，U、W 是圆弧插补的终点坐标的增量值。(半径法)R 是圆弧半径，以半径值表示。当圆弧对应的圆心角≤180° 时，R 是正值；当圆弧对应的圆心角>180° 时，R 是负值。(圆心法)I、K 是圆心相对于圆弧起点的坐标增量在 X(I)、Z(K)轴上的分向量。F 为沿圆弧切线方向的进给率或进给速度。

选用半径法还是圆心法，以使用较方便者(不用计算，即可看出数值者)为取舍。当同一程序段中同时出现 I、K 和 R 时，以 R 为优先(即有效)，I、K 无效。I 为 0 或 K 为 0 时，可省略不写。若要插补一整圆时，只能用圆心法表示，半径法无法执行。若用半径法以两个半圆相接，其真圆度误差会太大。

6.3.4　机床坐标

1) 机床相对运动的规定

在机床上，人们始终认为工件静止，而刀具是运动的。这样编程人员在不考虑机床上工件与刀具具体运动的情况下，就可以依据零件图样，确定机床的加工过程。

2) 机床坐标系的规定

在数控机床上，机床的动作是由数控装置来控制的，为了确定数控机床上的成型运动和辅助运动，必须先确定机床上运动的位移和运动的方向，这就需要通过坐标系来实现，这个坐标系被称为机床坐标系。例如铣床上，有机床的纵向运动、横向运动以及垂向运动。

标准机床坐标系中 *X*、*Y*、*Z* 坐标轴的相互关系用右手笛卡尔直角坐标系决定，如图 6.10 所示。

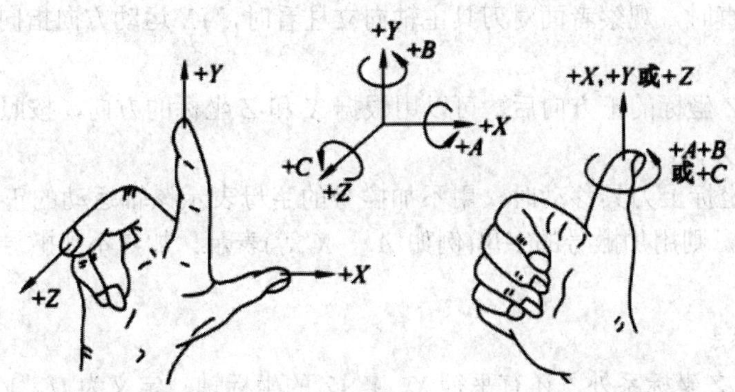

图 6.10　右手笛卡尔直角坐标系

(1) 伸出右手的大拇指、食指和中指，并互为 90°。则大拇指代表 *X* 坐标，食指代表 *Y*

坐标，中指代表 Z 坐标。

(2) 大拇指的指向为 X 坐标的正方向，食指的指向为 Y 坐标的正方向，中指的指向为 Z 坐标的正方向。

(3) 围绕 X、Y、Z 坐标旋转的旋转坐标分别用 A、B、C 表示，根据右手螺旋定则，大拇指的指向为 X、Y、Z 坐标中任意轴的正向，则其余 4 指的旋转方向即为旋转坐标 A、B、C 的正向。

(4) 运动方向的规定：增大刀具与工件距离的方向即为各坐标轴的正方向。

3) 坐标轴方向

(1) Z 坐标。

Z 坐标的运动方向是由传递切削动力的主轴所决定的，即平行于主轴轴线的坐标轴即为 Z 坐标，Z 坐标的正向为刀具离开工件的方向，如图 6.11 所示。

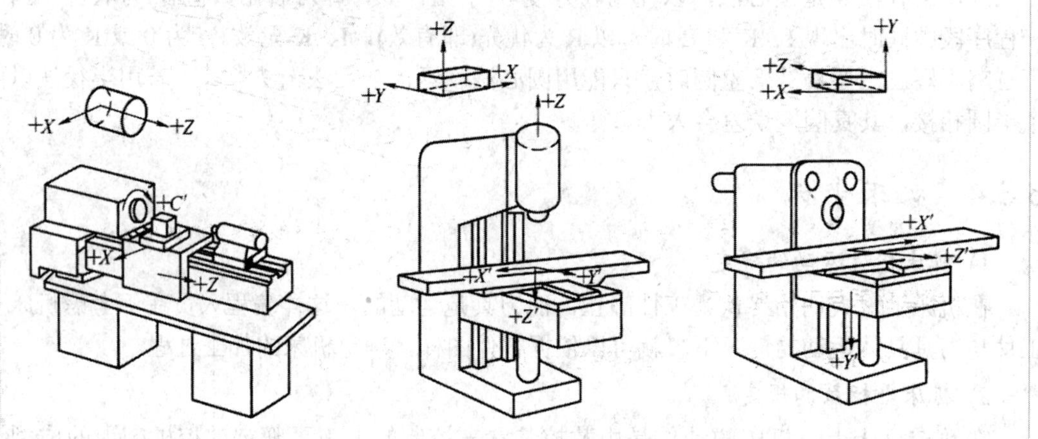

图 6.11　数控车床、立式数控铣床和卧式数控铣床坐标系

(2) X 坐标。

X 坐标平行于工件的装夹平面，一般在水平面内。确定 X 轴的方向时，要考虑两种情况。如果工件做旋转运动，则刀具离开工件的方向为 X 坐标的正方向。如果刀具做旋转运动，则又分为两种情况：Z 坐标水平时，观察者沿刀具主轴向工件看时，$+X$ 运动方向指向右方；Z 坐标垂直时，观察者面对刀具主轴向立柱看时，$+X$ 运动方向指向右方。

(3) Y 坐标。

在确定 X、Z 坐标的正方向后，可以用根据 X 和 Z 坐标的方向，按照右手直角坐标系来确定 Y 坐标的方向。

(4) 当某一坐标上刀具移动时，用不加撇号的字母表示该轴运动的正方向；当某一坐标上工件移动时，则用加撇号的字母(例如 A'、X' 等)表示。加与不加撇号所表示的运动方向正好相反。

4) 参考坐标系

除了 X、Y、Z 坐标系外，还有平行 X、Y、Z 的坐标轴，定义为 U、V、W 坐标轴。在实际数控编程时，有时会将工件上一点作为原点建立坐标系，称之为参考坐标系，如图 6.12 所示。

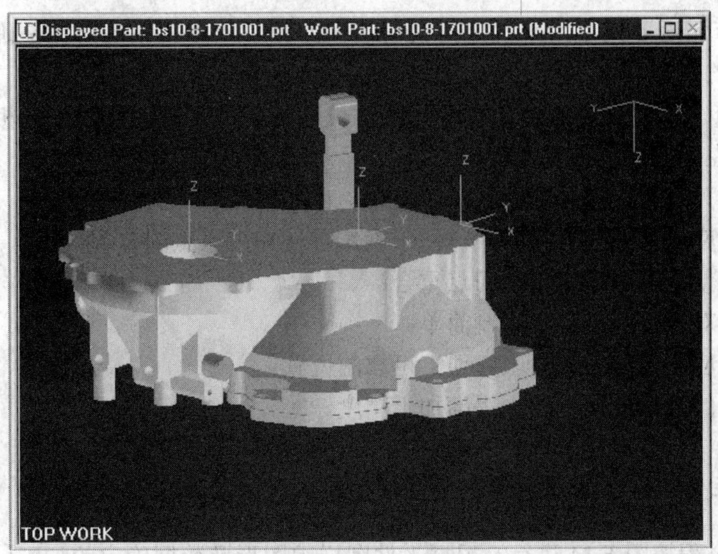

图6.12　参考坐标系

为了编程方便，无论实际是工件移动还是刀具移动，一律按工件不动，刀具相对移动的原则确定坐标进行编程。应用参考坐标系时，必须给 CAM 系统输入机床坐标原点与参考坐标系原点之间的距离(工件原点偏置)。

5) 原点设置

(1) 机床原点：指机床上一个固定不变的极限点。即机床坐标系的原点。由生产厂家确定。在数控车床上，机床原点一般取在卡盘端面与主轴中心线的交点处。数控铣床的原点在主轴下端面中心，三轴正向极限的位置。

(2) 编程零点：一般情况下，编程零点即编程人员在计算坐标值时的起点，编程人员在编制程序时不考虑工件在机床上的安装位置，只是根据零件的特点及尺寸来编程，因此，对于一般零件，工件零点就是编程零点。

6) 对刀点和换刀点的确定

(1) 刀位点。代表刀具的基准点，也是对刀时的注视点，一般是刀具上的一点，如图6.13所示。数控系统控制刀具的运动轨迹，准确说是控制刀位点的运动轨迹。

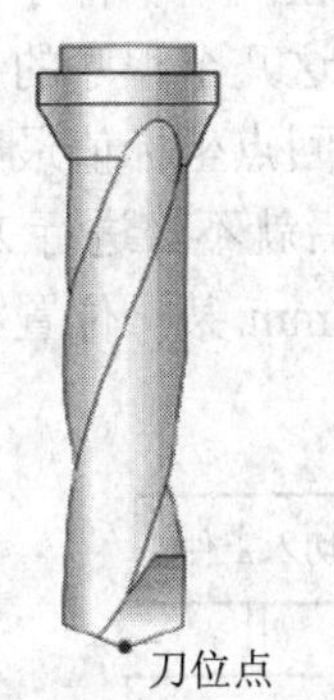

(a) 钻头的刀位点

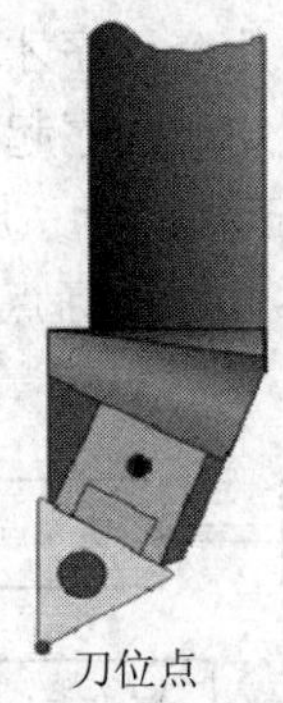

(b) 车刀的刀位点

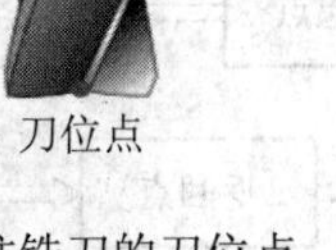

(c) 圆柱铣刀的刀位点

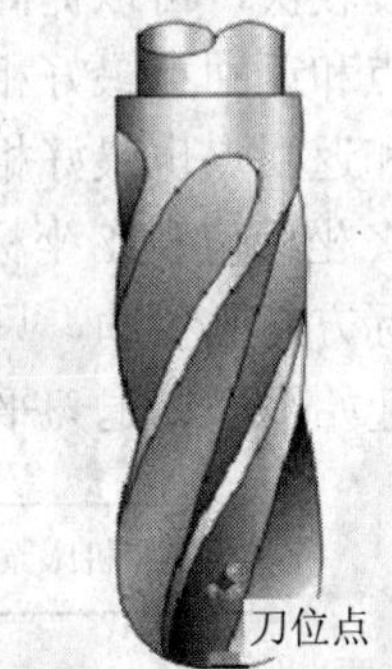

(d) 球头铣刀的刀位点

图6.13　常见刀具的刀位点图

(2) 对刀点。对刀点是用来确定刀具与工件的相对位置关系的点，是确定工件坐标系与机床坐标系的关系点。

(3) 换刀点。换刀点是为加工中心、数控机床等采用多刀进行加工的机床而设置的，因为这些机床在加工过程中要自动换刀。

① 确定对刀点的一般原则：

② 对刀点应该选择在容易找正、便于确定零件加工原点的位置；

③ 能够方便换刀，以便与换刀点重合；

④ 所选的对刀点应使程序编制简单；

⑤ 对刀点应该在加工时检验方便、可靠的位置；

⑥ 对刀点的选择应该有利于提高加工精度。

6.3.5 数控加工作业过程

数控加工过程按图 6.14 进行，根据零件图样中图形及数据确定的加工信息，经过编程处理转化为一定数控机床能够识别的程序软件，软件驱动。

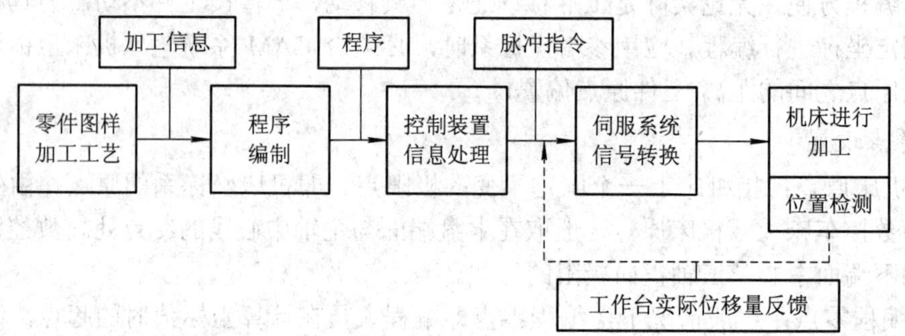

图 6.14 数控加工过程

6.3.6 刀具移动路径

在一般数控加工过程中，刀具按照图 6.15 路径进行移动，在安全高度以上，刀具移动速度较快，可以提高生产效率。在安全高度以下，刀具移动速度降低。在同一个程序中起始点和返回点最好相同。如果一个零件的加工需要几个程序才能完成，这几个程序的起始点和返回点也最好相同，以免引起加工操作上的麻烦。程序起始点和返回点坐标值最好设置 X 坐标值和 Y 坐标值均为 0，这样能够使得按照工件坐标系原点对刀后就不必进行 X、Y 坐标方向的移动，只需 Z 方向移动到高出被加工零件的最高点 50～100 mm 某一位置上，即起始平面、退刀平面所在位置。

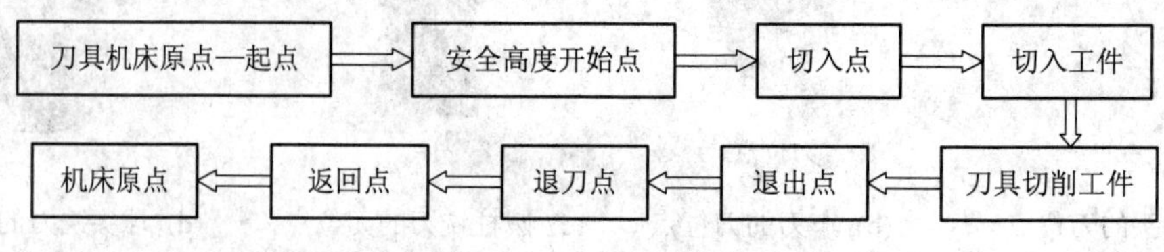

图 6.15 刀具移动路径

6.4 数控编程

6.4.1 数控编程简介

数控编程是数控加工准备阶段的主要内容之一，通常包括：分析零件图样，确定加工工艺过程；计算走刀轨迹，得出刀位数据；编写数控加工程序；制作控制介质；校对程序及首件试切。数控编程有手工编程和自动编程两种方法。总之，它是从零件图纸到获得数控加工程序的全过程。

1. 手工编程

手工编程是指编程的各个阶段均由人工完成。利用一般计算工具，通过各种三角函数计算方式，人工进行刀具轨迹运算，并进行指令编制。

这种方式比较简单，很容易掌握，适应性较大，常常使用于非模具加工的零件。

1) 编程步骤

(1) 人工完成零件加工的数控工艺；

(2) 分析零件图纸；

(3) 制定工艺决策；

(4) 确定加工路线；

(5) 选择工艺参数；

(6) 计算刀位轨迹坐标数据；

(7) 编写数控加工程序单；

(8) 验证程序；

(9) 手工编程；

(10) 刀轨仿真。

2) 手工编程特点

(1) 主要用于点位加工(如钻、铰孔)或几何形状简单(如平面、方形槽)零件的加工，计算量小，程序段数有限，编程直观，易于实现等。

(2) 对于具有空间自由曲面、复杂型腔的零件，刀具轨迹数据计算相当繁琐，工作量大，极易出错，且很难校对，有些甚至根本无法完成校对。

3) 手工编程举例

图 6.16 为一种盖板，其数控加工手动编程过程如下：

(1) 零件图分析与加工路线确定。加工要求：该零件的毛坯是一块 180 mm × 100 mm × 12 mm 长方体材料，要求铣削成图 6.16 所示外形。图 6.16 中各孔已加工完毕，各边留有 5 mm 铣削余量。铣削时以其底面和 2-ϕ10H8 的孔定位，从ϕ60 mm 孔对工件进行压紧。

编程时，工件坐标系原点定在工件左下角 *A* 点，现以ϕ10 mm 立铣刀进行轮廓加工，对刀点在工件坐标系中的位置为(−25，10，40)，刀具切入点为 *B* 点，刀具走刀路线为下刀点→*b*→*c*→*c*′→⋯→下刀点。

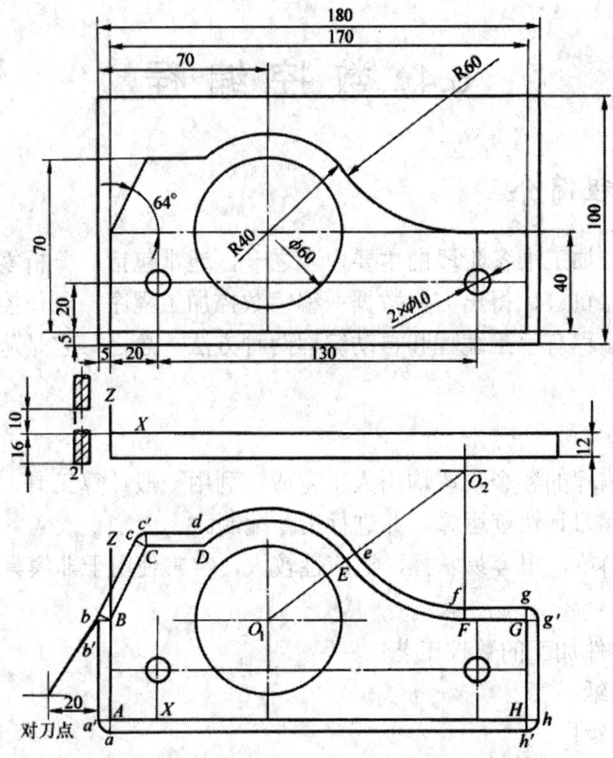

图 6.16　盖板零件图(上)和坐标计算简图(下)

(2) 手工编程加工程序与分析。现按轮廓编程，各基点和圆心坐标如下：$A(0，0)$，$B(0，40)$，$C(14.96，70)$，$D(43.54，70)$，$E(102，64)$，$F(150，40)$，$G(170，40)$，$H(170，0)$，$O_1(70，40)$，$O_2(150，100)$。

依据以上数据和 FUNUC-BESK 6ME 数控系统进行编程如下：

```
O0001                                            ①
N01   G92 X-25.0 Y10.0 Z40.0;                    ②
N02   G90 G00 Z16.0 S300 M03;                    ③
N03   G41 G01 X0 Y40.0 F100 D01 M08;             ④
N04   X14.96 Y70.0;                              ⑤
N05   X43.54;
N06   G02 X102.0 Y64.0 I26.46 J-30.0;            ⑥
N07   G03 X150.0 Y40.0 I48.0 J36.0;
N08   G01 X170.0;
N09   Y0;
N10   X0;
N11   Y40.0;
N12   G00 G40 X-25.0 Y10.0 Z40.0 M09;            ⑦
N13   M30;                                       ⑧
```

数控机床代码说明如表 6.1 所示。

表 6.1　数控机床的部分代码

G 指令	组别	功　能	程序格式及说明
G00	01	快速点定位	G00 X(U)_ Z(W)_；X(U)_ Z(W)_为参考点坐标
G01		直线插补	G01 X(U)_ Z(W)_ F_
G02		顺时针方向圆弧插补	G02 X(U)_ Z(W)_ R_ F_
G03		逆时针方向圆弧插补	G03 X(U)_ Z(W)_ I _ K_ F_
G04	00	暂停	G04 X_；或 G04 U_；或 G04 P_
G20	06	英制输入	G20
G21		米制输入	G21
G27	00	返回参考点检查	G27 X_ Z_
G28		返回参考点	G28 X_ Z_
G30		返回第 2、3、4 参考点	G30 P3 X_ Z_；或 G30 P4 X_ Z_
G32	01	螺纹切削	G32 X_ Z_ F_；　(F 为导程)
G34		变螺距螺纹切削	G34 X_ Z_ F_ K_
G40	07	刀尖半径补偿取消	G40 G00 X(U)_ Z(W)_
G41		刀尖半径左补偿	G41 G01 X(U)_ Z(W)_ F_

2. 自动编程

对于几何形状复杂的零件，需借助计算机使用规定的数控语言编写零件源程序，经过处理后生成加工程序，这个过程称为自动编程。随着数控技术的发展，先进的数控系统不仅为用户编程提供了一般的准备功能和辅助功能，而且为编程提供了扩展数控功能的手段。FANUC 6M 数控系统的参数编程，应用灵活，形式自由，具备计算机高级语言的表达式、逻辑运算及类似的程序流程，使加工程序简练易懂，可以实现普通编程难以实现的功能。

数控编程同计算机编程一样也有自己的“语言”，但数控机床编程语言尚未达到相互通用的程度，所以，当要对一个毛坯进行加工时，首先要考虑数控机床采用的是什么系统。

随着计算机硬件及软件技术的发展，模具 CAM 中自动编程系统也相应得到发展。1953 年 MIT 开始研究数控自动编程；1955 年公布 APT 自动编程系统；之后的近 40 年不断推出新版本，如 APT Ⅱ，APTⅢ，APTⅣ，APTAC，APTSS 等，以及日本的 FAPT、德国的 EXAPT、法国的 IFAPT，国内在 20 世纪 70 年代推出的 SKC、ZCX 车铣编程系统；等等。

APT 是一种自动编程工具(Automatically Programmed Tool)的简称，其对工件、刀具的几何形状及刀具相对于工件的运动等进行定义时采用一种接近于英语的符号语言。在编程时编程人员依据零件图样，以 APT 语言的形式表达出加工全部内容；把 APT 语言书写的零件加工程序输入计算机，经 APT 语言编程系统编译产生刀位文件(CLDATA file)；经过后置处理，生成数控系统能够接受的零件数控加工程序。APT 编程举例如图 6.17 所示。

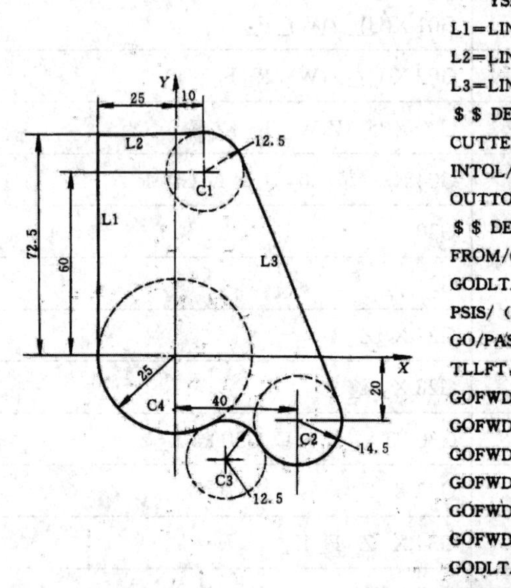


```
PARTNO/ADAPT EXAMPLE
$ $ PART GEOMETRY DEFINITIONS
C1=CIRCLE/10, 60, 12.5
C2=CIRCLE/40, -20, 14.5
C4=CIRCLE/0, 0, 25
C3=CIRCLE/TANTO, OUT, C4, OUT, C2,
    YSMALL, RADIUS, 12.5
L1=LINE/XSMALL, TANTO, C4, ATANGL, 90
L2=LINE/-25, 72.5, 10, 72.5
L3=LINE/RIGHT, TANTO, C2, RIGHT, TANTO, C1
$ $ DEFINE CUTTER AND TOLERANCES
CUTTER/15
INTOL/0.005
OUTTOL/0.001
$ $ DEFINE DATUM AND MACHINING
FROM/0, 0, 30
GODLTA/-50, 0, 0
PSIS/ (PLANE/0, 0, 1, -2)
GO/PAST, L2
TLLFT, GORGT/L2
GOFWD/C1
GOFWD/L3
GOFWD/C2, TANTO, C3
GOFWD/C3, TANTO, C4
GOFWD/C4
GOFWD/L1, PAST, L2
GODLTA/0, 0, 32
GOTO/0, 0, 30
CLPRNT
NOPOST
FINI
```

图 6.17　自动编程举例

1) 自动编程常用的软件

国外有美国 Unigraphics Solution 公司开发的 UG 软件，法国达索(Dassault)公司的 Catia 软件，美国 PTC(参数技术有限公司)开发的 Pro/E 软件，以色列 Cimatron 公司的 CimatronCAD/CAM 系统，美国 CNC 公司开发的基于 PC 平台的 CAD/CAM 软件 Mastercam 软件等。

国内有北京北航海尔软件有限公司开发的 CAXA 制造工程师软件。

2) 自动编程基本步骤

(1) 分析零件图确定工艺过程：对零件图样要求的形状、尺寸、精度、材料及毛坯进行分析，明确加工内容与要求；确定加工方案、走刀路线、切削参数以及选择刀具及夹具等。

(2) 数值计算：根据零件的几何尺寸、加工路线、计算出零件轮廓上的几何要素的起点、终点及圆弧的圆心坐标等。

(3) 编写加工程序。在完成上述两个步骤后，按照数控系统规定使用的功能指令代码和程序段格式，编写加工程序单。

(4) 将程序输入数控系统。程序的输入可以通过键盘直接输入数控系统，也可以通过计算机通信接口输入数控系统。

(5) 检验程序与首件试切。利用数控系统提供的图形显示功能，检查刀具轨迹的正确性。对工件进行首件试切，分析误差产生的原因，及时修正，直到试切出合格零件。

虽然，每个数控系统的编程语言和指令各不相同，但其间也有很多相通之处，表 6.2 为部分代码的含义。

表 6.2　部分代码含义

代码	意　义
G00	快速进给、定位
G01	直线插补
G02	圆弧插补 CW(顺时针)
G03	圆弧插补 CCW(逆时针)
G40	刀径补偿取消
G41	左刀径补偿
G42	右刀径补偿
G90	绝对方式指令
G91	相对方式指令

6.4.2　Pro / NC 数控加工设计流程

工业产品经过产品造型和模具分型设计后，要生产出合格的产品，还必须精确地加工出模具的型腔。而现代产品在外观设计上为了增加美学效果，往往设计为复杂的曲面。这种复杂的曲面如采用传统的加工手段，很难实现精确加工，因此 CAD/CAM 一体化已成为现代产品设计必不可少的手段。Pro/E 系统可非常方便地实现复杂曲面功能。系统的数控加工功能在 Manufacturing I Nc Assembly 模块下，可实现多轴的 Lathe(车削)、Mill(铣削)、Millum(铣车结合)、EDM(电火花加工)，可完成从产品和毛坯模型的调入、加工环境的设置(加工机床设置、加工刀具设置)、定义数控加工工序、生成刀位文件、后置处理、NC 代码、驱动机床加工等一整套工作。

具体流程如下：

1. 加工模型的建立(Mfg Mode1)

在进行加工以前，必须首先读入已建立的加工模型(Reference Mode1)(如上述的模具型腔)和毛坯模型(Workpiece)。

2. 加工环境参数的设置(Mfg Setup)

在加工环境参数设置界面，Mfg Setup I Operation 选项包括加工工艺名称、加工机床的类型、加工基准坐标系、加工安全提刀面等参数。

(1) Workcell：设置加工机床的类型及参数。用户可根据具体需要选择加工机床的类型和机床轴数，系统提供了多种控制类型的机床和 2～5 轴加工功能。用户还可自己添加所需的加工机床。

(2) Tooling：设置加工所需刀具。用户可从系统提供的刀具库中直接选取，也可自己设定，并添加到刀具库中。另外，用户还可通过 CELL SETUP 菜单中的 Tooling 选项来设定刀具库的刀具信息。

(3) Math Csys：加工基准。用来设定加工时加工基准坐标系。

(4) Machining I Seq Setup：选择参数。用户可在此项菜单下的 Tool、Parameters、Retract、Surfaces 选项中选择刀具参数、加工工艺参数、退刀平面和加工对象等。

3. 加工方式的设定(Machining)

Pro/E 系统提供了多种加工方式，可满足各种情况下的加工需求。具体的加工方式有：

(1) Volume：实体加工(型腔加工)。系统按设定的刀具参数和加工参数，以等高分层(Slice)的方式产生加工路径，主要用于切除量大的粗加工。

(2) Local Mill：清根加工，主要用于清除已完成的加工实体中未被清除的角落余料和接刀痕迹。加工时要求用较小的刀具，配合适当的加工参数来进行。清根加工可分为两种类型：Prey NC Seq (紧跟上一次加工工序)和 Corner Edges(直接指定加工区域)。

(3) Conventl Srf：截面线法曲面加工。系统会以截面的方式产生相同方向的切削路径，沿着曲面的几何形状作切削加工，并避开曲面上的岛屿区域，进行曲面加工。截面法曲面加工具有残留高度分布均匀、加工效率高的特点。

(4) Contour Srf：参数线法曲面加工，主要用于复杂曲面的加工。系统可根据曲面的变化情况，选择合适的加工路径，使生成的刀具轨迹更加逼近于曲面的几何形状。参数线法曲面加工是多坐标数控加工中生成刀具轨迹的主要方法。

(5) Face：平面加工，主要用于大平面或平面度要求较高的平面加工，通常采用盘铣刀或大直径的端铣刀配以适当的加工参数进行加工。

(6) Profile：轮廓加工，主要针对垂直及倾斜度不大的几何曲面，配合适当的刀具和加工参数，采用等高方式沿着几何曲面分层加工，主要用于零件外轮廓的精加工。

(7) Pocketing：凹槽加工。凹槽底面的加工轨迹是 Volume Milling 精加工轨迹，凹槽四周的加工轨迹是 Profile Milling 的刀具加工轨迹。这种加工方式主要用于模具型腔的精加工。

(8) Trajectory：沟槽或外形加工，即使用成型刀具沿着设定的刀具路径对特别的沟槽或外形进行加工。

(9) Holemaking：孔加工，可完成 Drill(钻孔)、Face(盲孔)、Bore(扩镗孔)、Countersink(铣沉头孔)、Tap(攻丝)、Ream(铰孔)、Custom(自定义孔)的加工。

(10) Thread：螺纹加工。采用螺纹铣刀，配合适当的加工参数，可进行内外螺纹的加工。

(11) Engraving：雕刻加工，主要用于加工以 Groove Feature 方式建立的几何图形符号。

(12) Plunge：插削加工，利用插削加工的方式去除材料，适合于模具型腔的粗加工。

4. 显示走刀轨迹和加工仿真

在完成加工参数和刀具参数的设置后，系统可实时显示走刀轨迹，并提供加工仿真功能，以进行动态干涉检查。这一功能在系统的 NC SEQUENCE | Play Path | Screen Play 和 NC Check 菜单选项下。

5．生成加工工序、进行后置处理、产生 NC 程序

生成加工工序是利用 NC SEQUENCE | Done Seq 菜单选项，进行后置处理是利用 CL Data | Output | NC Sequence 菜单选项，然后选择 CL Data | Output | NC Sequence | PATH | File 选项，再选取 MCD File | Done 选项，系统提示保存(Save As)刀位文件名称，即可保存加工对象的刀位文件。接着系统显示 PP OPTIONS 菜单，单击 Done，系统显示 PPList 菜单，选择相应的机床数控系统的后置处理器，系统自动进行后置处理，并且生成与刀位文件同名的 NC 加工程序，其后缀为 *.TAP。用户可利用记事本直接打开 NC 程序文件，并可进行编辑修改。生成的 NC 加工程序可通过专用的数控机床通信软件直接传给数控机床，驱动机床进行加工。

6．修改加工参数

在数控编程过程中，如想修改已设定的加工参数，可直接通过 MACHINING | NC SEQUENCE| Seq Setup 菜单项，对已设定的参数进行修改。

参 考 文 献

[1] 曹岩，林江. 模具 CAD[M]. 北京：机械工业出版社，2013.
[2] 李名尧. 模具 CAD/CAM[M]. 哈尔滨：哈尔滨工业大学出版社，2004.
[3] 李厚佳. 模具 CAD/CAM[M]. 北京：机械工业出版社，2011.
[4] 余世浩. 模具 CAD 基础[M]. 武汉：武汉理工大学出版社，2009.